小学校6年間の算数が6時間でわかる本

間地秀三
Shuzo Mazi

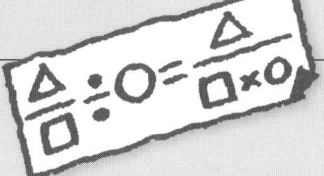

PHP研究所

はじめに

　小学校の6年間で習う算数は一生使える武器です。

　それは、ふだんの生活でいちばん役立つ計算や数学的な考え方を含んでいるからです。しかし、大人でも解き方を忘れてしまうことが結構あります。また、小学校の高学年あたりから、分数の計算、割合と比、道のり・速さ・時間……などのどこかでつまずいてしまって、それがもとで、中学校からの数学も苦手になったという生徒さんも多々見受けられます。

　そんな経験のある大人の方でも、学生でも、どうせ算数をやり直すなら重要な項目を効率的に学びたいと思うわけですが、残念ながら、一般的に、問題集や解説本には無駄な情報がたくさん載っていて、分厚く、取り組むのが困難です。

　その点、本書はぺらぺらとめくっていただければわかりますが、必要なことはすべて入っていて、しかもすっきりと整理されています。「ここがコツ！」でつかみどころが一発でわかりますから、小学校6年間の算数のエッセンスだけをスピーディに学ぶことができます。そこで本書は、

「小学生が学んでいる算数の解き方を、効率的に知りたいという親御さん」

「今小学生で、ちょっとつまずいている生徒さん」

「もうすぐ中学生になるのだけれど、本当に小学校の算数がわかっているか確認したい、もしわかってないところがあれば、この際ちゃんとわかるようになりたい生徒さん」

　……というみなさんにおすすめです。

　どうか「日本一、効率的に小学校6年間の算数がわかる本」を、ぜひともおためしください。

※本書には、学習指導要領には示されていない発展的な内容も一部紹介しています。

小学校6年間の算数が
6時間でわかる本

もくじ CONTENTS

はじめに

PART 1　分数の計算

1　分母が同じたし算 …………………………………………………………… 6
2　分母が違うたし算 …………………………………………………………… 8
3　分数のひき算 ………………………………………………………………… 11
4　分数と整数のかけ算 ………………………………………………………… 14
5　分数どうしのかけ算 ………………………………………………………… 17
6　分数のわり算 ………………………………………………………………… 19

PART 2　小数の計算

1　小数のたし算とひき算 ……………………………………………………… 22
2　小数のかけ算 ………………………………………………………………… 24
3　小数を整数でわるわり算 …………………………………………………… 26
4　小数でわるわり算 …………………………………………………………… 28
5　小数と分数がまざった計算 ………………………………………………… 30

PART 3　面積図・線分図・方程式

1　かけ算・わり算と方程式、たし算・ひき算と方程式 …………………… 32
2　「＋」「－」「×」「÷」のまざった方程式 ……………………………………… 35

PART 4　すばやく計算

1　共通の数がある計算 …………………………………… 38
2　約数と公約数の求め方 ………………………………… 40
3　公倍数をつかった計算 ………………………………… 43
4　単位の換算 ……………………………………………… 46

PART 5　割合

1　割合の計算 ……………………………………………… 49
2　比べる量ともとにする量の計算 ……………………… 52
3　百分率と割合 …………………………………………… 54
4　百分率と比べる量・もとにする量 …………………… 56

PART 6　比

1　比と、比をかんたんにする …………………………… 58
2　比の値を求める ………………………………………… 61
3　比を使った方程式 ……………………………………… 63
4　比で分ける ……………………………………………… 65
5　間接的に測定する ……………………………………… 67

PART 7　単位量あたりの大きさ

1　平均と単位量あたりの大きさ ………………………… 70
2　人口密度と密度 ………………………………………… 73

PART 8　速さ・時間・道のり

1　速さ・時間・道のりの公式 …………………………… 76

2	速さの変換	78
3	追いかける問題	80
4	出会いの問題	82

PART 9 平面図形

1	長方形・平行四辺形・台形の面積	84
2	三角形の面積	86
3	円の面積と円周	88
4	おうぎ形の面積と弧の長さ	90
5	複雑な面積の求め方	92
6	三角形の合同	94
7	拡大図と縮図	96

PART 10 立体図形

1	角柱・円柱の体積	99
2	複雑な立体の体積の求め方	101
3	見取図・展開図と表面積・最短距離	104

PART 11 比例・反比例

1	比例	106
2	反比例	108
3	比例・反比例のグラフの書き方と読み方	110

PART 12 場合の数

| 1 | ならべ方の問題 | 113 |
| 2 | 組みあわせ方の問題 | 115 |

PART 1　分数の計算

1 分母が同じ たし算

 分母はそのままで分子をたす。
仮分数は、帯分数（整数）にかえる

分母が同じ分数の計算は分子をたせばよいのでかんたんです。

▶ 分母が同じ分数のたし算

例　$\frac{1}{4}+\frac{2}{4}$

　　分母はそのままで分子をたして　$\frac{1}{4}+\frac{2}{4}=\frac{3}{4}$

例　$1\frac{1}{4}+4\frac{2}{4}$

　　整数部分どうしをたして、

　　$1+4=5$　分数部分どうしをたして、$\frac{1}{4}+\frac{2}{4}=\frac{3}{4}$

　　　　　　　　　$1\frac{1}{4}+4\frac{2}{4}=5\frac{3}{4}$

ただし、計算結果が $\frac{4}{4}$ や $\frac{11}{4}$ のような**仮分数**になった場合は、これらを、それぞれ1や2$\frac{3}{4}$ のような**整数**か**帯分数**に直します。ここだけが注意点ですので、まずここを押さえましょう。

仮分数➡分子と分母が同じか、分子が分母より大きい分数。
帯分数➡$2\frac{3}{4}$ や、$3\frac{1}{4}$ のような分数。

仮分数を帯分数（整数）にかえるやりかた

 $\dfrac{16}{3}$ を帯分数にかえてください。

分子÷分母＝商…余り
$16 \div 3 = 5 \cdots 1$ より、

$$\dfrac{16}{3} = 5\dfrac{1}{3}$$

 $\dfrac{15}{3}$ を帯分数にかえてください。

分子÷分母＝商…余り
$15 \div 3 = 5 \cdots 0$ より、

$$\dfrac{15}{3} = 5\dfrac{0}{3} = 5$$

あるいは、8ページで出てくる約分により、$\dfrac{\cancel{15}^{5}}{\cancel{3}_{1}} = 5$

演習 次の仮分数を帯分数または整数にかえてください。

① $\dfrac{7}{2}$　② $\dfrac{5}{3}$　③ $\dfrac{27}{9}$

答え ① $\dfrac{7}{2} = 3\dfrac{1}{2}$　② $\dfrac{5}{3} = 1\dfrac{2}{3}$　③ $\dfrac{27}{9} = 3$

仮分数を帯分数（整数）に直すやり方がわかりましたから、あとはかんたんです。

 $1\dfrac{2}{4} + 4\dfrac{3}{4}$

整数部分どうし、分数部分どうしをたして、

$$1\dfrac{2}{4} + 4\dfrac{3}{4} = 5\dfrac{5}{4}$$

ここからが注意点です。$\dfrac{5}{4}$（仮分数）を帯分数にかえます。

$5 \div 4 = 1 \cdots 1$ですから、$\dfrac{5}{4} = 1\dfrac{1}{4}$ です。

そこで、$1\dfrac{2}{4} + 4\dfrac{3}{4} = 5\dfrac{5}{4} = 5 + 1\dfrac{1}{4} = 6\dfrac{1}{4}$ ……答え

演習 次の計算をしてください。

① $\dfrac{3}{7} + \dfrac{6}{7}$　② $1\dfrac{1}{5} + 3\dfrac{2}{5}$　③ $4\dfrac{2}{3} + 2\dfrac{2}{3}$

答え ① $\dfrac{3}{7} + \dfrac{6}{7} = \dfrac{9}{7} = 1\dfrac{2}{7}$　② $1\dfrac{1}{5} + 3\dfrac{2}{5} = 4\dfrac{3}{5}$

③ $4\dfrac{2}{3} + 2\dfrac{2}{3} = 6\dfrac{4}{3} = 7\dfrac{1}{3}$

※最後に約分が必要な場合もありますが、これについては次のページの「分母が違うたし算」のやり方と同じです。

PART 1　分数の計算

2 分母が違うたし算

ここがコツ！ まず通分、最後に約分

分母が違う分数のたし算では、**通分**と**約分**がポイントになりますので、まずここを押さえます。

約分のしかた

 $\dfrac{24}{30}$ を約分してください。

$$\dfrac{24}{30} = \dfrac{12}{15} = \dfrac{4}{5}$$

このように分子と分母を同じ数でわって、分母がもっとも小さい分数にすることを約分といいます。

通分のしかた

 $\left(\dfrac{1}{3} と \dfrac{1}{4}\right)$ を通分してください。

通分とは、分母が同じ分数にそろえることです。ふつうは、この分母を最小公倍数にします（最小公倍数についてはPART4の3を参照）。ここでは、分母3と4の最小公倍数12を分母とする分数にかえます。

そのために $\dfrac{1}{3}$ の分母と分子に4を、$\dfrac{1}{4}$ の分母と分子に3をかけます。

$$\dfrac{1}{3} = \dfrac{1 \times 4}{3 \times 4} = \dfrac{4}{12}$$

$$\dfrac{1}{4} = \dfrac{1 \times 3}{4 \times 3} = \dfrac{3}{12}$$

答え $\left(\dfrac{4}{12} と \dfrac{3}{12}\right)$

演習①

$\dfrac{28}{42}$ を約分してください。

答え $\dfrac{28}{42} = \dfrac{14}{21} = \dfrac{2}{3}$
（÷2, ÷7）

演習②

$\left(\dfrac{3}{10} と \dfrac{4}{15}\right)$ を通分してください。

答え 分母10と15の最小公倍数は30ですので、30を分母とする分数にかえます。

$\dfrac{3}{10} = \dfrac{3 \times 3}{10 \times 3} = \dfrac{9}{30}$

$\dfrac{4}{15} = \dfrac{4 \times 2}{15 \times 2} = \dfrac{8}{30}$

答え $\left(\dfrac{9}{30} と \dfrac{8}{30}\right)$

通分と約分がわかったら、あとの分数のたし算はかんたんです。

分母がちがう分数のたし算

例 $\dfrac{1}{4} + \dfrac{2}{5}$ を計算してください。

分母4と5の最小公倍数20を分母とする分数にかえます。

そのために $\dfrac{1}{4}$ の分母と分子に5を、$\dfrac{2}{5}$ の分母と分子に4をかけます。

$$\dfrac{1}{4} + \dfrac{2}{5} = \dfrac{1 \times 5}{4 \times 5} + \dfrac{2 \times 4}{5 \times 4}$$
$$= \dfrac{5}{20} + \dfrac{8}{20} = \dfrac{13}{20} \cdots\cdots 答え$$

PART 1　分数の計算

例 $1\dfrac{1}{3}+4\dfrac{1}{6}$ を計算してください。

分母3と6の最小公倍数6を分母とする分数に通分します。

分子と分母を3でわって約分します。

$$1\dfrac{1}{3}+4\dfrac{1}{6}=1\dfrac{2}{6}+4\dfrac{1}{6}=5\dfrac{3}{6}=5\dfrac{1}{2}$$

以上のように、まず通分、最後に約分、という流れになります。

演習 次の計算をしてください。

① $\dfrac{2}{7}+\dfrac{5}{6}$　② $3\dfrac{7}{10}+\dfrac{4}{5}$　③ $3\dfrac{1}{6}+2\dfrac{1}{2}$

答え ① $\dfrac{2}{7}+\dfrac{5}{6}=\dfrac{12}{42}+\dfrac{35}{42}=\dfrac{47}{42}=1\dfrac{5}{42}$　　仮分数を帯分数にかえます。$47\div 42=1\cdots 5$

② $3\dfrac{7}{10}+\dfrac{4}{5}=3\dfrac{7}{10}+\dfrac{8}{10}=3\dfrac{15}{10}$

$=4\dfrac{5}{10}=4\dfrac{1}{2}$ （÷5）

③ $3\dfrac{1}{6}+2\dfrac{1}{2}=3\dfrac{1}{6}+2\dfrac{3}{6}$

$=5\dfrac{4}{6}=5\dfrac{2}{3}$ （÷2）

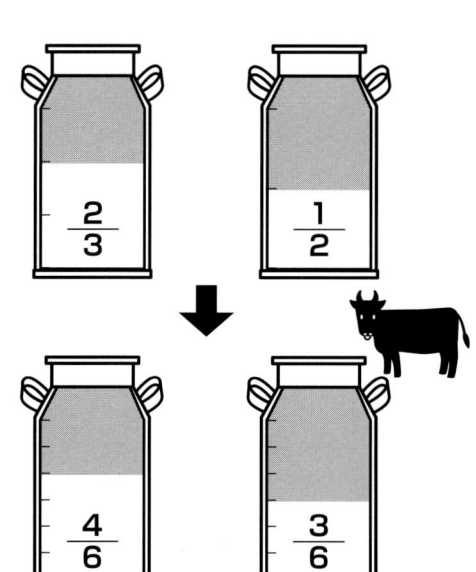

3 分数のひき算

> **ここがコツ!** $1=\dfrac{3}{3}$、$1=\dfrac{4}{4}$……と、くり下げる

そのままひける場合はたし算のやり方に準じます。まずこれからやりましょう。

くり下げのないひき算

例 $\dfrac{5}{7}-\dfrac{2}{7}=\dfrac{3}{7}$

例 $5\dfrac{3}{4}-2\dfrac{2}{4}=3\dfrac{1}{4}$

整数部分　$5-2=3$　　分数部分　$\dfrac{3}{4}-\dfrac{2}{4}=\dfrac{1}{4}$

例 $2\dfrac{1}{2}-1\dfrac{1}{6}=2\dfrac{3}{6}-1\dfrac{1}{6}=1\dfrac{2}{6}=1\dfrac{1}{3}$

　　　　　　　　　　　まず通分　　　　　約分

演習 次の計算をしてください。

① $\dfrac{2}{3}-\dfrac{2}{5}$　　② $4\dfrac{2}{3}-\dfrac{4}{15}$　　③ $3\dfrac{3}{8}-\dfrac{2}{7}$

答え ① $\dfrac{2}{3}-\dfrac{2}{5}=\dfrac{10}{15}-\dfrac{6}{15}=\dfrac{4}{15}$

② $4\dfrac{2}{3} - \dfrac{4}{15} = 4\dfrac{10}{15} - \dfrac{4}{15} = 4\dfrac{6}{15} = 4\dfrac{2}{5}$

③ $3\dfrac{3}{8} - \dfrac{2}{7} = 3\dfrac{21}{56} - \dfrac{16}{56} = 3\dfrac{5}{56}$

そのままひける場合は以上のようにかんたんですが、これからやるそのままひけない場合は「くり下げ」をします。

くり下げのあるひき算

例 $1\dfrac{1}{9} - \dfrac{5}{9}$ を計算して下さい。

$\dfrac{1}{9}$ から $\dfrac{5}{9}$ はひけません。こういう場合、

$1 = \dfrac{3}{3}$、$1 = \dfrac{4}{4}$、$1 = \dfrac{5}{5}$、……$1 = \dfrac{9}{9}$ を使って、

$1\dfrac{1}{9} = 1 + \dfrac{1}{9} = \dfrac{9}{9} + \dfrac{1}{9} = \dfrac{10}{9}$ とします。これがくり下げです。つまり、

$1\dfrac{1}{9} - \dfrac{5}{9} = \dfrac{10}{9} - \dfrac{5}{9} = \dfrac{5}{9}$ です。

もうひとつやってみましょう。

例 $4\dfrac{2}{5} - 1\dfrac{3}{4}$ を計算してください。

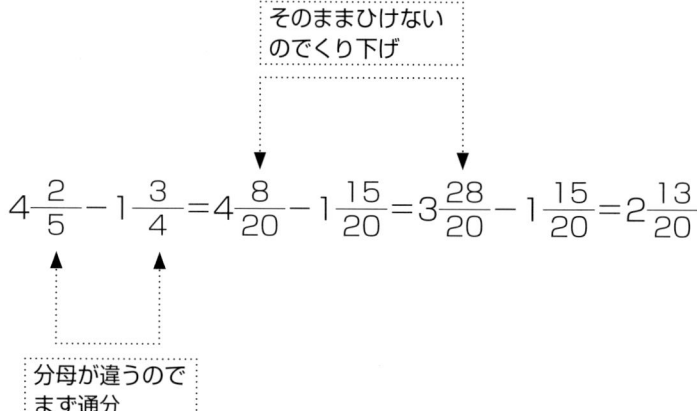

$4\dfrac{2}{5} - 1\dfrac{3}{4} = 4\dfrac{8}{20} - 1\dfrac{15}{20} = 3\dfrac{28}{20} - 1\dfrac{15}{20} = 2\dfrac{13}{20}$

（分母が違うのでまず通分／そのままひけないのでくり下げ）

| 演 習 | 次の計算をしてください。

① $3\dfrac{3}{8} - \dfrac{5}{8}$　　② $4\dfrac{1}{8} - \dfrac{5}{24}$　　③ $4\dfrac{1}{5} - \dfrac{7}{20}$

| 答 え |

① $3\dfrac{3}{8} - \dfrac{5}{8} = 2\dfrac{11}{8} - \dfrac{5}{8} = 2\dfrac{6}{8} = 2\dfrac{3}{4}$　(÷2)

② $4\dfrac{1}{8} - \dfrac{5}{24} = 4\dfrac{3}{24} - \dfrac{5}{24} = 3\dfrac{27}{24} - \dfrac{5}{24} = 3\dfrac{22}{24} = 3\dfrac{11}{12}$

③ $4\dfrac{1}{5} - \dfrac{7}{20} = 4\dfrac{4}{20} - \dfrac{7}{20} = 3\dfrac{24}{20} - \dfrac{7}{20} = 3\dfrac{17}{20}$

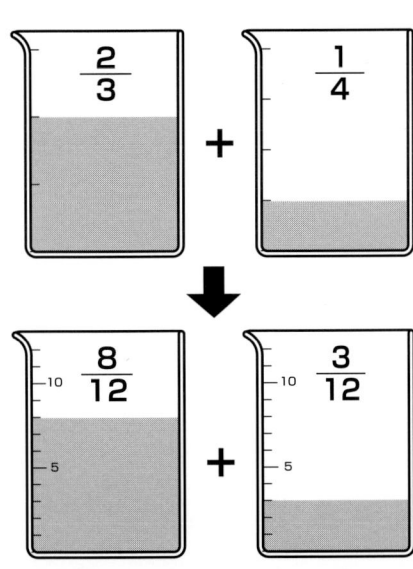

PART 1　分数の計算

4 分数と整数のかけ算

ここがコツ！ 帯分数を仮分数にかえれば、すぐできる

分数と整数のかけ算　$\frac{●}{■} × ★$

分数のかけ算では、分子に整数をかけます。計算結果が仮分数になればそれを帯分数に、途中で約分できるときは約分します。では、下の例を見てください。

例 $\dfrac{2}{7} × 3 = \dfrac{2 × 3}{7} = \dfrac{6}{7}$

例 $\dfrac{2}{7} × 5 = \dfrac{2 × 5}{7} = \dfrac{10}{7} = 1\dfrac{3}{7}$ ← 仮分数は帯分数にかえます。
$10 ÷ 7 = 1 … 3$ より $\dfrac{10}{7} = 1\dfrac{3}{7}$

例 $\dfrac{2}{7} × 21 = \dfrac{2 × \cancel{21}^{3}}{\cancel{7}_{1}} = 6$ ← 途中で約分できるときは約分します

演習 次の計算をしてください。

① $\dfrac{2}{13} × 3$　② $\dfrac{3}{5} × 3$　③ $\dfrac{5}{56} × 4$

答え ① $\dfrac{2}{13} × 3 = \dfrac{2 × 3}{13} = \dfrac{6}{13}$

② $\dfrac{3}{5} \times 3 = \dfrac{3 \times 3}{5} = \dfrac{9}{5} = 1\dfrac{4}{5}$

③ $\dfrac{5}{56} \times 4 = \dfrac{5 \times \cancel{4}^{1}}{\cancel{56}_{14}} = \dfrac{5}{14}$

分数と整数のかけ算は以上のようにやります。つぎにやる**帯分数と整数のかけ算**では、まず**帯分数を仮分数にかえます**。ここがポイントですので、まずここを押さえましょう。

▶ 帯分数を仮分数にかえる ▲$\dfrac{●}{■}$ → $\dfrac{■×▲+●}{■}$

例 $4\dfrac{3}{5}$、$3\dfrac{2}{7}$ を仮分数にかえてください。

$5 \times 4 + 3$

$4\dfrac{3}{5} = \dfrac{23}{5}$

$4\dfrac{+3}{\times 5} = \dfrac{23}{5}$

$7 \times 3 + 2$

$3\dfrac{2}{7} = \dfrac{23}{7}$

帯分数から仮分数は、このように機械的にかえます。

▶ 帯分数と整数のかけ算 ▲$\dfrac{●}{■}$×★

例 $3\dfrac{2}{5} \times 3$ を計算してください。

$5 \times 3 + 2$

$3\dfrac{2}{5} \times 3 = \dfrac{17}{5} \times 3 = \dfrac{17 \times 3}{5} = \dfrac{51}{5} = 10\dfrac{1}{5}$

帯分数を仮分数に　　　　　仮分数を帯分数に

例 $2\dfrac{1}{6} \times 3$ を計算してください。

途中で約分

$2\dfrac{1}{6} \times 3 = \dfrac{13}{6} \times 3 = \dfrac{13 \times \cancel{3}^{1}}{\cancel{6}_{2}} = \dfrac{13}{2} = 6\dfrac{1}{2}$

帯分数を仮分数に　　　　　仮分数を帯分数に

この2例からわかるように、まず帯分数を仮分数に直します。そのあとは途中で約分できれば約分し、計算結果が仮分数ならそれを帯分数に直します。

演習 次の計算をしてください。

① $3\dfrac{1}{4} \times 5$　　② $4\dfrac{3}{14} \times 10$　　③ $2\dfrac{2}{9} \times 18$

答え

① $3\dfrac{1}{4} \times 5 = \dfrac{13}{4} \times 5 = \dfrac{13 \times 5}{4} = \dfrac{65}{4} = 16\dfrac{1}{4}$

② $4\dfrac{3}{14} \times 10 = \dfrac{59}{14} \times 10 = \dfrac{59 \times \cancel{10}^{\,5}}{\cancel{14}_{\,7}} = \dfrac{295}{7} = 42\dfrac{1}{7}$

③ $2\dfrac{2}{9} \times 18 = \dfrac{20}{9} \times 18 = \dfrac{20 \times \cancel{18}^{\,2}}{\cancel{9}_{\,1}} = 40$

5 分数どうしのかけ算

ここがコツ！ 途中で約分できるときはする

分母どうし、分子どうしをかけ、途中で約分できればする

帯分数はもちろん最初に仮分数にかえます。これまで同様、計算結果が仮分数になったときは、最後に帯分数にします。

例 $\dfrac{1}{3} \times \dfrac{2}{5} = \dfrac{1 \times 2}{3 \times 5} = \dfrac{2}{15}$

　　　↑ 分母どうし、分子どうしをかけます

例 $\dfrac{3}{5} \times \dfrac{2}{21} = \dfrac{\cancel{3}^{1} \times 2}{5 \times \cancel{21}_{7}} = \dfrac{2}{35}$

　　　↑ 途中で約分できるときは約分します

例 $\dfrac{7}{10} \times 2\dfrac{1}{2} = \dfrac{7}{10} \times \dfrac{5}{2} = \dfrac{7 \times \cancel{5}^{1}}{\cancel{10}_{2} \times 2} = \dfrac{7}{4} = 1\dfrac{3}{4}$

（$2 \times 2 + 1$）　（$7 \div 4 = 1 \cdots 3$）

帯分数を仮分数に　途中で約分　仮分数を帯分数に

例 $2\dfrac{1}{7} \times 5\dfrac{1}{4} = \dfrac{15}{7} \times \dfrac{21}{4} = \dfrac{15 \times \cancel{21}^{3}}{\cancel{7}_{1} \times 4} = \dfrac{45}{4} = 11\dfrac{1}{4}$

帯分数を仮分数に　途中で約分　仮分数を帯分数に

途中で約分できるときは約分します。これにより、数字が小さくなって計算が楽になります。以下の演習で慣れましょう。

演習 次の計算をしてください。

① $\dfrac{1}{3} \times \dfrac{2}{7}$ 　　　② $\dfrac{3}{5} \times \dfrac{7}{8}$

③ $\dfrac{7}{27} \times \dfrac{3}{5}$ 　　　④ $\dfrac{5}{24} \times 1\dfrac{5}{7}$

⑤ $1\dfrac{1}{3} \times 2\dfrac{5}{8}$ 　　　⑥ $4\dfrac{1}{2} \times \dfrac{5}{18}$

答え

① $\dfrac{1}{3} \times \dfrac{2}{7} = \dfrac{1 \times 2}{3 \times 7} = \dfrac{2}{21}$

② $\dfrac{3}{5} \times \dfrac{7}{8} = \dfrac{3 \times 7}{5 \times 8} = \dfrac{21}{40}$

③ $\dfrac{7}{27} \times \dfrac{3}{5} = \dfrac{7 \times \cancel{3}^{1}}{\underset{9}{\cancel{27}} \times 5} = \dfrac{7}{45}$

④ $\dfrac{5}{24} \times 1\dfrac{5}{7} = \dfrac{5}{\underset{2}{\cancel{24}}} \times \dfrac{\cancel{12}^{1}}{7} = \dfrac{5}{14}$

⑤ $1\dfrac{1}{3} \times 2\dfrac{5}{8} = \dfrac{\cancel{4}^{1}}{\underset{1}{\cancel{3}}} \times \dfrac{\cancel{21}^{7}}{\cancel{8}_{2}} = \dfrac{7}{2} = 3\dfrac{1}{2}$

⑥ $4\dfrac{1}{2} \times \dfrac{5}{18} = \dfrac{\cancel{9}^{1}}{2} \times \dfrac{5}{\cancel{18}_{2}} = \dfrac{5}{4} = 1\dfrac{1}{4}$

6 分数のわり算

> **ここがコツ！** 分数の分母と分子をひっくり返してかければいい

わり算は、逆数（ぎゃくすう）のかけ算にかえておこないます。そこで、まず逆数の作り方を押さえましょう。

逆数の作り方

逆数とは、たとえば $\frac{3}{5}$ の逆数は $\frac{5}{3}$、$\frac{3}{4}$ の逆数は $\frac{4}{3}$ のように、分母と分子をひっくり返したものです。そして逆数には、$\frac{3}{5} \times \frac{5}{3} = 1$、$\frac{3}{4} \times \frac{4}{3} = 1$ のように、「**もとの数と逆数をかけると1になる**」という性質があります。

整数の逆数はつぎのようにします。

$5 = \frac{5}{1}$ だから、5の逆数は $\frac{1}{5}$、$4 = \frac{4}{1}$ だから、4の逆数は $\frac{1}{4}$ です。

演習 （　）をうめてください。

$\frac{2}{5}$ の逆数は（　　）、6の逆数は（　　）、$1\frac{2}{5}$ の逆数はまず $1\frac{2}{5}$ を仮分数（　　）にかえて、分母と分子をひっくり返して（　　）です。

答え $\frac{2}{5}$ の逆数は（ $\frac{5}{2}$ ）、6の逆数は（ $\frac{1}{6}$ ）、$1\frac{2}{5}$ の逆数はまず $1\frac{2}{5}$ を仮分数（ $\frac{7}{5}$ ）にかえて、分母と分子をひっくり返して（ $\frac{5}{7}$ ）です。

逆数の作り方がわかれば、あとは、わり算は逆数のかけ算にかえて（÷$\frac{5}{7}$を×$\frac{7}{5}$にかえる、÷3を×$\frac{1}{3}$にかえる……）行ないますから、かんたんです。

分数のわり算

例 $\frac{3}{8} \div \frac{5}{7}$ の計算

$$\frac{3}{8} \div \frac{5}{7} = \frac{3}{8} \times \frac{7}{5} = \frac{3 \times 7}{8 \times 5} = \frac{21}{40}$$

÷$\frac{5}{7}$を逆数のかけ算×$\frac{7}{5}$にかえます

例 $\frac{5}{8} \div 3$ の計算

$$\frac{5}{8} \div 3 = \frac{5}{8} \times \frac{1}{3} = \frac{5 \times 1}{8 \times 3} = \frac{5}{24}$$

÷3を逆数のかけ算×$\frac{1}{3}$にかえます

例 $\frac{4}{5} \div 2\frac{1}{4}$ の計算

帯分数を仮分数に

$$\frac{4}{5} \div 2\frac{1}{4} = \frac{4}{5} \div \frac{9}{4} = \frac{4}{5} \times \frac{4}{9} = \frac{4 \times 4}{5 \times 9} = \frac{16}{45}$$

逆数のかけ算に

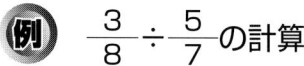

例 $\dfrac{1}{4} \div \dfrac{7}{10} \div \dfrac{4}{3}$ の計算

逆数のかけ算に

$$\dfrac{1}{4} \div \dfrac{7}{10} \div \dfrac{4}{3} = \dfrac{1}{4} \times \dfrac{10}{7} \times \dfrac{3}{4} = \dfrac{1 \times \overset{5}{\cancel{10}} \times 3}{\underset{2}{\cancel{4}} \times 7 \times 4} = \dfrac{15}{56}$$

途中で約分

逆数のかけ算に

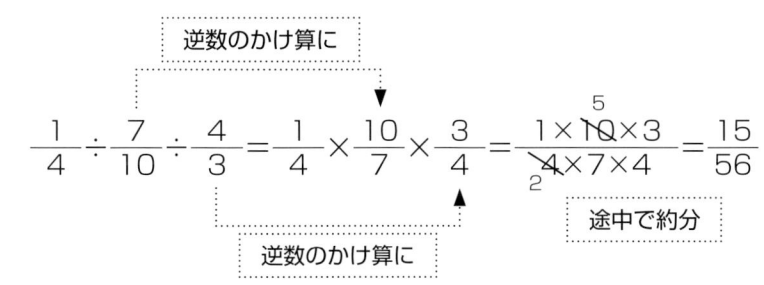

演習 次の計算をしてください。

① $\dfrac{4}{9} \div \dfrac{8}{23}$

② $3\dfrac{1}{3} \div 5$

③ $\dfrac{1}{6} \div \dfrac{2}{5} \div \dfrac{5}{11}$

④ $\dfrac{3}{4} \div 2\dfrac{3}{10} \div 1\dfrac{4}{5}$

答え

① $\dfrac{4}{9} \div \dfrac{8}{23} = \dfrac{4}{9} \times \dfrac{23}{8} = \dfrac{\overset{1}{\cancel{4}} \times 23}{9 \times \underset{2}{\cancel{8}}} = \dfrac{23}{18} = 1\dfrac{5}{18}$

② $3\dfrac{1}{3} \div 5 = \dfrac{10}{3} \times \dfrac{1}{5} = \dfrac{\overset{2}{\cancel{10}} \times 1}{3 \times \underset{1}{\cancel{5}}} = \dfrac{2}{3}$

③ $\dfrac{1}{6} \div \dfrac{2}{5} \div \dfrac{5}{11} = \dfrac{1}{6} \times \dfrac{\overset{1}{\cancel{5}}}{2} \times \dfrac{11}{\underset{1}{\cancel{5}}} = \dfrac{11}{12}$

④ $\dfrac{3}{4} \div 2\dfrac{3}{10} \div 1\dfrac{4}{5} = \dfrac{3}{4} \div \dfrac{23}{10} \div \dfrac{9}{5} = \dfrac{\overset{1}{\cancel{3}}}{\underset{2}{\cancel{4}}} \times \dfrac{\overset{5}{\cancel{10}}}{23} \times \dfrac{5}{\underset{3}{\cancel{9}}} = \dfrac{25}{138}$

PART 1 分数の計算

PART 2 小数の計算

1 小数の たし算とひき算

ここがコツ！ 小数点をそろえる

▶ 小数点をそろえて計算し、最後に小数点を打つ

例と演習で慣れまくりましょう。

例 0.2＋0.5

```
   0.2
 ＋ 0.5
―――――――
   0.7
```

左のように小数点をそろえてから、整数のつもりで（2＋5＝7）と計算して、最後に小数点をそろえて打って（0.7）と答えを出します。

例 0.9－0.4

```
   0.9
 － 0.4
―――――――
   0.5
```

小数点をそろえてから、整数のつもりで（9－4＝5）と計算して、最後に小数点をそろえて打って（0.5）と答えを出します。

例 9.4＋12.9

```
    9.4
 ＋12.9
―――――――
   22.3
```

小数点をそろえてから、整数のつもりでくり上がりのあるひっ算（94＋129＝223）をして、最後に小数点をそろえて打って（22.3）と答えを出します。

例 12.24－7.35

```
   12.24
 － 7.35
―――――――
    4.89
```

小数点をそろえてから、整数のつもりでくり下がりのあるひっ算（1224－735＝489）をして、最後に小数点をそろえて打って（4.89）と答えを出します。

演習 次の計算をしてください。

① 8.3+2.6

② 5.34+3.8

③ 7.37+14.75

④ 9.5−5.2

⑤ 23.4−4.7

⑥ 235.6−127.9

答え

①
```
   8.3
+  2.6
------
  10.9
```

②
```
   5.34
+  3.8
------
   9.14
```

③
```
   7.37
+ 14.75
------
  22.12
```

④
```
   9.5
－  5.2
------
   4.3
```

⑤
```
  23.4
－  4.7
------
  18.7
```

⑥
```
  235.6
－127.9
------
  107.7
```

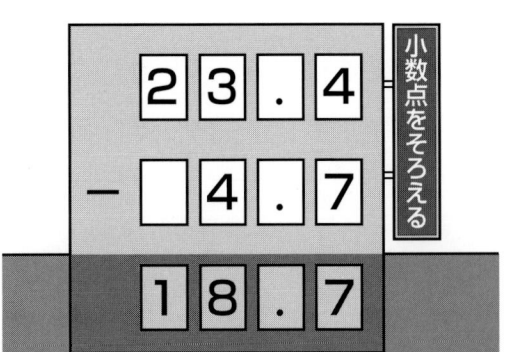

小数点をそろえる

PART 2 小数の計算

2 小数のかけ算

 **小数点より下のけた数の合計で小数点を打つ**

小数のかけ算は、まず整数のつもりで計算して、小数点より下のけた数の合計で小数点を打ちます。ですから、小数点より下のけた数をつかむことと、小数点より下のけた数にしたがって、小数点を打つことが必要です。

▶ **小数点より下のけた数**

0.❷❸　は、小数点より下のけた数　2

5.❸❺❶　は、小数点より下のけた数　3

5.❹❻❻❽　は、小数点より下のけた数　4　です。

たとえば、3412に小数点より下のけた数が1になるように小数点を打つと341.❷、小数点より下のけた数が2になるように小数点を打つと34.❶❷になります。

演習（　　）をうめてください。

13.021では、小数点より下のけた数（　　　）。

541237に、小数点より下のけた数が3になるように小数点を打つと、（　　　　　）。

答え（ 3 ）、（ 541.237 ）

小数点より下のけた数をつかむことと、小数点より下のけた数にしたがって、小数点を打つことができれば、あとはかんたんです。

小数のかけ算

 8.7×9 の計算

```
    8.7 …1けた
×     9
    78.3 …1けた
```

まず整数のつもりで87×9＝783と計算します。次に、8.7の小数点より下のけた数は1、9の小数点より下のけた数は0、小数点より下のけた数の合計が1+0＝1なので、小数点より下のけた数が1になるように小数点を打って78.3が答えです。

 6.3×5.7 の計算

```
     6.3 …1けた
×    5.7 …1けた
     441
    315
    35.91 …2けた（1+1）
```

まず整数のつもりで63×57＝3591と計算します。次に、6.3の小数点より下のけた数は1、5.7の小数点より下のけた数は1、小数点より下のけた数の合計が1+1＝2なので、小数点より下のけた数が2になるように小数点を打って35.91が答えです。

演習 次の計算をしてください。

① 0.45×7　　　　② 81×3.5

③ 63×0.35　　　④ 3.52×4.7

答え

```
①   0.45
  ×    7
    3.15
```

```
②     81
  ×  3.5
     405
    243
   283.5
```

```
③     63
  × 0.35
     315
    189
   22.05
```

```
④    3.52
  ×   4.7
     2464
    1408
   16.544
```

3 小数を整数でわる わり算

 商も余りも、わられる数の小数点で読む

▶ 商の小数点をわられる数の小数点にあわせて打つ

例 5.6÷8の計算

```
    .              0.7
8)5.6     →    8)5.6
```

商の小数点を5.6の小数点にあわせてつけます。

56÷8と整数のつもりで計算して、小数点の位置から商0.7とします。

※商とは、わり算の答えのことです。

例 6.2÷9の計算をしてください。商は小数第1位まで求め、余りがあれば余りも出してください。

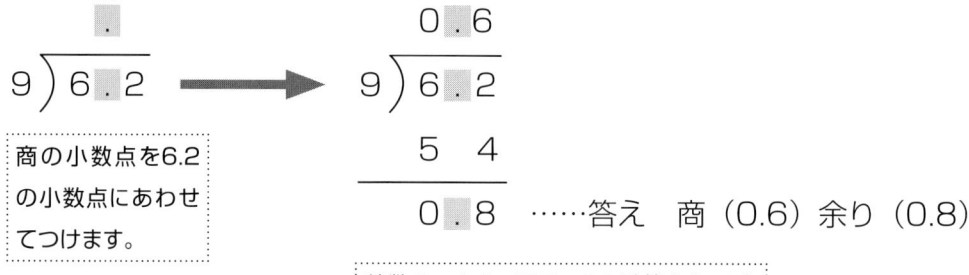

……答え　商（0.6）余り（0.8）

商の小数点を6.2の小数点にあわせてつけます。

整数のつもりで62÷9の計算をして商（6）余り（8）、小数点の位置から商0.6、余りも同じ小数点で読んで（0.8）

このように、整数のわり算をした後、商も余りもわられる数の小数点にあわせて読みます。以下演習で慣れましょう。

演習①	次のわり算をしてください。

① 41.3÷7　　　② 3.84÷16

答え

①
```
       5.9
   7)41.3
     35
     ─────
      6 3
      6 3
     ─────
        0
```
答え　5.9

②
```
       0.24
   16)3.84
      3 2
     ─────
        64
        64
     ─────
         0
```
答え　0.24

演習②	次のわり算をしてください。 ただし商は小数第1位まで求め、余りを出してください。

① 5.12÷7　　　② 29.87÷24

答え

①
```
       0.7
   7)5.12
     4 9
     ─────
     0.22
```
答え　商(0.7) 余り(0.22)

②
```
        1.2
   24)29.87
      24
     ─────
       5 8
       4 8
     ─────
       1.07
```
答え　商(1.2) 余り(1.07)

※小学校では、「わる数」と、「わられる数」の小数点を、「『同じけた数』右へうつす」と教えることが一般的ですが、この本では左ページのような解き方を紹介しています。

PART 2　小数の計算

4 小数でわる わり算

ここがコツ！ わる数を整数にする

小数でわる場合、わる数を×10、×100……してわる数を整数にします。このとき、わられる数も×10、×100……にします。なぜ、そんなことができるのかというと、「ある数÷ある数」は、「ある数×10÷ある数×10」と同じ答えだからです。このとき、商は×10、×100……されたわられる数の小数点で読みますが、余りはもとのわられる数の小数点で読みます。まず余りが出ない場合から見ていきましょう。

▶ わり切れる場合

 2.68÷0.4の計算

```
              6.7
0.4)2.68  →  4)26.8
  ×10 ×10      24
                2 8
  4  26.8       2 8
                  0
```

わる数0.4に10をかけて4と整数にします。これに対応して、わられる数にも10をかけて26.8とします。そして26.8÷4の計算をします。答えは6.7。

演習 次のわり算をしてください。

① 0.63÷0.9　　② 22.79÷5.3

答え

①
```
           0.7
  0.9)0.6.3
        6 3
          0
     答え（0.7）
```

②
```
              4.3
  5.3)22.7.9
       21 2
          1 5 9
          1 5 9
              0……答え（4.3）
```

余りが出る場合

例 6.7÷0.9を計算してください。ただし、商は整数で余りも出してください。

```
              7
0.9)6.7  →  9)6.7.      商を読む小数点
  ×10 ×10      6 3
  9   67       0.4       余りを読む小数点
```

わる数0.9に10をかけて9と整数にします。これに対応してわられる数6.7にも10をかけて67とします。そして67÷9の計算をします。余りはもとのわられる数（6.7）の小数点とそろえますから0.4です。

答え　商7　余り0.4

演習　次のわり算をしてください。
ただし商は整数で求め、余りを出してください。

① 33.5÷0.8　　　② 8.514÷0.74

答え

```
①       4 1              ②        1 1
   0.8)33.5.                 0.74)8.51.4
       32                        7 4
       ‾‾                        ‾‾‾
        1 5                      1 11
          8                        74
        ‾‾‾                      ‾‾‾‾
        0.7                      0.37 4
```

答え　商（41）余り（0.7）　　答え　商（11）余り（0.374）

5 小数と分数がまざった計算

 小数を分数にかえる

小数と分数がまざった計算では、分数を小数にかえてもいいように思われがちです。しかし、たとえば $\frac{1}{3}$＝0.333……のように、小数にうまく直せないことがあるので、小数と分数がまざった計算では、小数を分数にかえて行ないます。まず、ここから見ていきましょう。

▶ 小数を分数にかえる

整数÷10、整数÷100……と順番にチェックします。

例 0.21を分数にしてください

21÷10＝2.1、21÷100＝0.21なので、0.21＝21÷100＝$\frac{21}{100}$

演習	小数を分数にしてください（約分できるときは約分してください）。
	① 0.4 ② 0.24 ③ 0.025

答え ① 0.4＝4÷10＝$\frac{4}{10}$＝$\frac{2}{5}$　② 0.24＝24÷100＝$\frac{24}{100}$＝$\frac{6}{25}$

③ 0.025＝25÷1000＝$\frac{25}{1000}$＝$\frac{1}{40}$

小数を分数にかえることができれば、あとは分数の計算ですからかんたんです。

小数と分数がまざった計算

例 $0.3 + \dfrac{1}{5}$ を計算してください。

$$0.3 + \dfrac{1}{5} = 3 \div 10 + \dfrac{1}{5} = \dfrac{3}{10} + \dfrac{1}{5} = \dfrac{3}{10} + \dfrac{2}{10} = \dfrac{5}{10} = \dfrac{1}{2}$$

小数を分数に　　　　通分　　　約分

演習 次の計算をしてください。

① $0.2 + \dfrac{1}{3}$　　② $0.4 + \dfrac{1}{6}$　　③ $0.45 + \dfrac{3}{10}$

④ $5 \times \dfrac{1}{3} \times 0.9$　　⑤ $49 \times \dfrac{1}{5} \div 0.7$　　⑥ $9 \times \dfrac{1}{72} \times 0.5$

答え

① $0.2 + \dfrac{1}{3} = 2 \div 10 + \dfrac{1}{3} = \dfrac{2}{10} + \dfrac{1}{3} = \dfrac{6}{30} + \dfrac{10}{30} = \dfrac{16}{30} = \dfrac{8}{15}$

小数を分数に　　通分　　約分

② $0.4 + \dfrac{1}{6} = 4 \div 10 + \dfrac{1}{6} = \dfrac{4}{10} + \dfrac{1}{6} = \dfrac{12}{30} + \dfrac{5}{30} = \dfrac{17}{30}$

③ $0.45 + \dfrac{3}{10} = 45 \div 100 + \dfrac{3}{10} = \dfrac{45}{100} + \dfrac{3}{10} = \dfrac{45}{100} + \dfrac{30}{100} = \dfrac{75}{100} = \dfrac{3}{4}$

④ $5 \times \dfrac{1}{3} \times 0.9 = 5 \times \dfrac{1}{3} \times (9 \div 10) = 5 \times \dfrac{1}{3} \times \dfrac{9}{10} = \dfrac{5 \times 1 \times 9}{3 \times 10} = \dfrac{3}{2} = 1\dfrac{1}{2}$

⑤ $49 \times \dfrac{1}{5} \div 0.7 = 49 \times \dfrac{1}{5} \div (7 \div 10) = 49 \times \dfrac{1}{5} \div \dfrac{7}{10}$

　　　　$= 49 \times \dfrac{1}{5} \times \dfrac{10}{7} = \dfrac{49 \times 1 \times 10}{5 \times 7} = 14$

⑥ $9 \times \dfrac{1}{72} \times 0.5 = 9 \times \dfrac{1}{72} \times (5 \div 10) = 9 \times \dfrac{1}{72} \times \dfrac{5}{10}$

　　　　$= \dfrac{9 \times 1 \times 5}{72 \times 10} = \dfrac{1}{16}$

PART 2　小数の計算

PART 3 面積図・線分図・方程式

1 かけ算・わり算と方程式、たし算・ひき算と方程式

かけ算・わり算→面積図
たし算・ひき算→線分図

かけ算・わり算と面積図

 $3 \times 4 = 12$ の面積図。

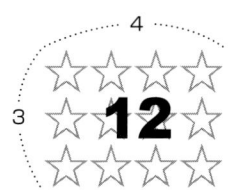

面積図から、かけ算 $4 \times 3 = 12$ と、わり算 $12 \div 3 = 4$、$12 \div 4 = 3$ が同時にわかります。

面積図をかけば、かけ算またはわり算で表された方程式がかんたんに解けるのです。

 面積図をかいて、$4 \times x = 24$ の x を求めてください。

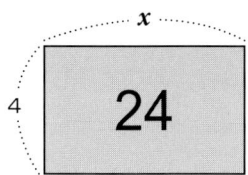

面積図より $x = 24 \div 4 = 6$

 面積図をかいて、$56 \div x = 14$ の x を求めてください。

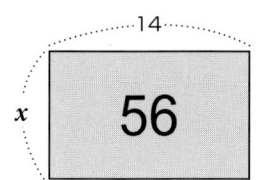

面積図より $x = 56 \div 14 = 4$

| 演 習 | x を求めてください |

① $x×6=66$　　② $304÷x=76$　　③ $x÷12=15$

| 答 え | ①下図より　　②下図より　　③下図より

$x=66÷6=11$　　$x=304÷76=4$　　$x=12×15=180$

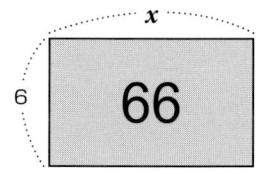 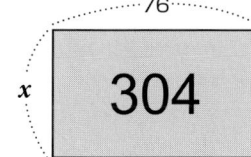 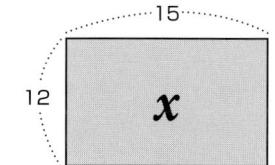

たし算・ひき算と線分図

例 5+6=11の線分図。

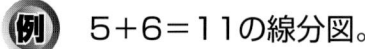

線分図から、たし算6+5=11、ひき算11－5=6、11－6=5が同時にわかります。

そこで、線分図をかけば、たし算またはひき算で表された方程式がかんたんに解けます。

例 線分図をかいて、12+x=27の x を求めてください。

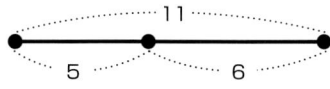

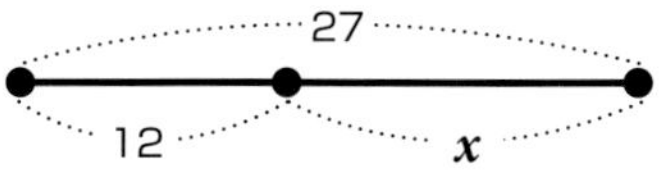

線分図より　$x=27-12=15$

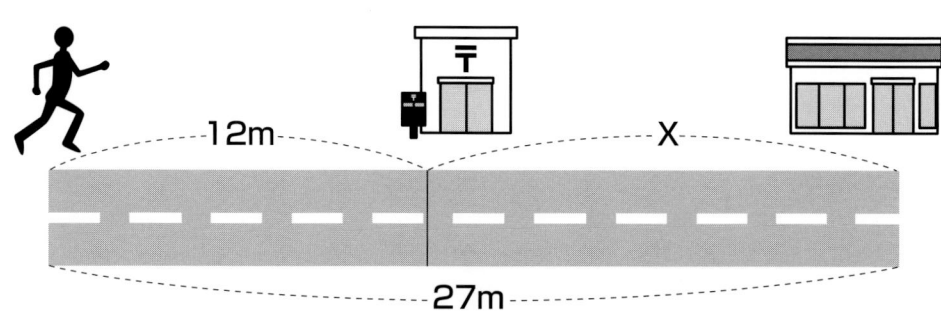

| 演 習 | x を求めてください |

① $x+35=57$　　　② $208-x=112$　　　③ $x-26=57$

④ $x+41=118$　　　⑤ $97-x=77$　　　⑥ $x-78=49$

| 答 え |

① 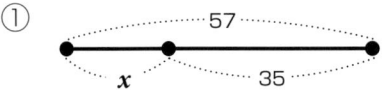　　線分図より　$x=57-35=22$

② 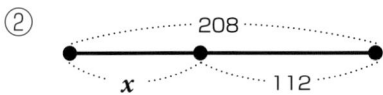　　線分図より　$x=208-112=96$

③ 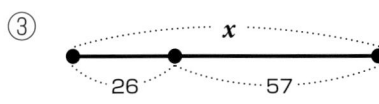　　線分図より　$x=57+26=83$

④ 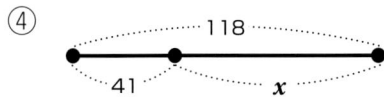　　線分図より　$x=118-41=77$

⑤ 　　線分図より　$x=97-77=20$

⑥ 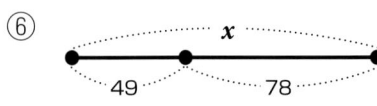　　線分図より　$x=78+49=127$

2 「+」「−」「×」「÷」のまざった方程式

面積図と線分図を組みあわせる

▶ 段階をふんで、ていねいに解く

前節で、かけ算とわり算は面積図を、たし算とひき算は線分図を使いました。これからやる少し複雑な方程式は、線分図と面積図を組みあわせて解きます。以下、例と練習で慣れましょう。

例 $5 \times x + 7 = 42$ の x を求めてください。

まず線分図をかきます。

図より、$5 \times x = 42 - 7 = 35$

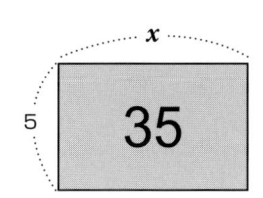

次に面積図をかきます。

図より、$x = 35 \div 5 = 7$

演習① $90 - 13 \times x = 12$ の計算を下図に必要なことを書きくわえて、解いてください。

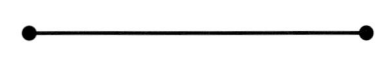

図より $13 \times x =$

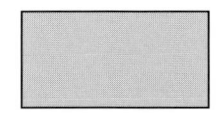

図より $x =$

答え

図より 13×x=90−12=78

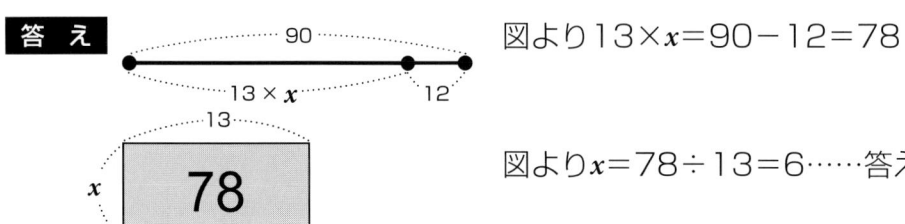

図より x=78÷13=6……答え

演習② パン8個と1個120円のおにぎり5個を買って、2360円はらいました。パン1個の値段はいくらでしょうか。パン1個を x 円として方程式をたてて解いてください。

答え パン1個を x 円とすると、8×x+120×5=2360

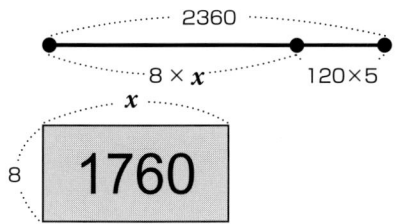

図より 8×x=2360−120×5
         =2360−600=1760

図より x=1760÷8=220

答え　220円

演習③ 998個のお菓子を1人に6個ずつ生徒にくばったところ、38個あまりました。このとき生徒の人数をもとめてください。生徒を x 人として、方程式をたてて解いてください。

答え 生徒を x 人とすると、998−6×x=38

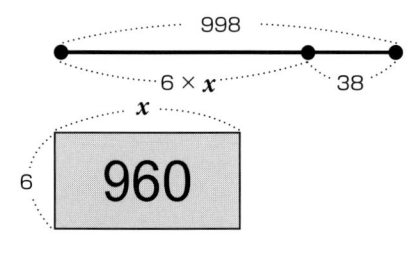

図より 6×x=998−38=960

図より x=960÷6=160

答え　160人

15分でやってみよう！
うでだめし問題

① $\dfrac{17}{5} - 2\dfrac{1}{4}$

② $4\dfrac{1}{3} + \dfrac{3}{7}$

③ $4\dfrac{1}{6} + 2\dfrac{2}{5}$

④ $\dfrac{1}{4} \times 1\dfrac{3}{5}$

⑤ $3\dfrac{9}{5} \div 5$

⑥ $\dfrac{1}{7} \div \dfrac{3}{5} \div \dfrac{5}{12}$

⑦ $34.7 - 15.9$

⑧ $421.7 - 273.3$

⑨ $37 \div \dfrac{1}{4}$

⑩ $3 \times \dfrac{1}{15} \times 0.3$

⑪ 駅から病院の前を通りすぎて、県庁までの道のりは970mで、病院から県庁までの道のりは、駅から病院までの道のりの2倍より70m遠い場合、駅から病院までの道のりは何mでしょう。

★答え

① $\dfrac{17}{5} - \dfrac{9}{4} = \dfrac{68}{20} - \dfrac{45}{20} = \dfrac{23}{20} = 1\dfrac{3}{20}$

② $\dfrac{13}{3} + \dfrac{3}{7} = \dfrac{91}{21} + \dfrac{9}{21} = \dfrac{100}{21} = 4\dfrac{16}{21}$

③ $\dfrac{25}{6} + \dfrac{12}{5} = \dfrac{125}{30} + \dfrac{72}{30} = \dfrac{197}{30} = 6\dfrac{17}{30}$

④ $\dfrac{1}{4} \times \dfrac{8}{5} = \dfrac{1 \times 8^2}{{}_1 4 \times 5} = \dfrac{2}{5}$

⑤ $\dfrac{24}{5} \div 5 = \dfrac{24}{5} \times \dfrac{1}{5} = \dfrac{24}{25}$

⑥ $\dfrac{1}{7} \times \dfrac{5}{3} \times \dfrac{12}{5} = \dfrac{1 \times 5^1 \times 12^4}{7 \times 3_1 \times 5_1} = \dfrac{4}{7}$

⑦ $34.7 - 15.9 = 18.8$

⑧ $421.7 - 273.3 = 148.4$

⑨ $\dfrac{37}{1} \times \dfrac{4}{1} = 148$

⑩ $\dfrac{3}{1} \times \dfrac{1}{15} \times \dfrac{3}{10} = \dfrac{3^1 \times 1 \times 3}{1 \times 15_5 \times 10} = \dfrac{3}{50}$

⑪ 駅から病院までの道のりを x（m）とすると、病院から県庁までの道のりは $2 \times x + 70$（m）。よって、駅から県庁までは $x + 2 \times x + 70 = 970$（m） これを解いて $x = 300$……答え　300m

PART 4　すばやく計算

1　共通の数がある計算

ここがコツ！

□×▲＋□×○＝□×(▲＋○)
□×▲－□×○＝□×(▲－○)

図解で理解すればかんたん

$4 \times 15 + 4 \times 25 = 4 \times (15 + 25) = 4 \times 40 = 160$
□×　▲　＋□×　○　＝□×(　▲　＋　○　)

$4 \times 125 - 4 \times 25 = 4 \times (125 - 25) = 4 \times 100 = 400$
□×　▲　－□×　○　＝□×(　▲　－　○　)

このように共通部分（ここでの4）のある計算を要領よく計算することができますが、この仕組みは下の図からかんたんにわかります。

例　□×▲＋□×○＝□×(▲＋○)の図示

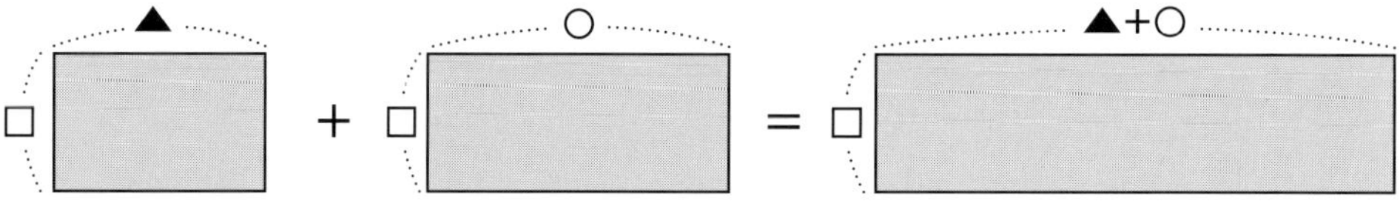

例　□×▲－□×○＝□×(▲－○)の図示

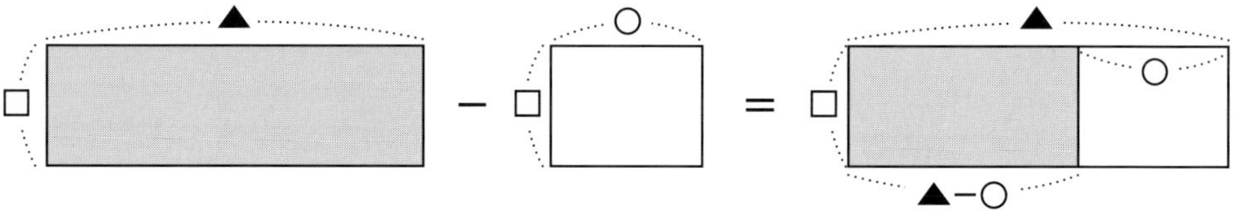

例 次の計算をしてください。

① 33×40−3×40

　33×40−3×40＝40×(33−3)＝40×30＝1200

② 2.2×25＋2.2×75

　2.2×25＋2.2×75＝2.2×(25＋75)＝2.2×100＝220

演習 次の計算をしてください。

① 12.2×15−2.2×15　　② 25×2.33＋75×2.33

③ 125×4.56−25×4.56　　④ 18.4×20−8.4×20

⑤ 1.3×15＋2.7×15＋6×15

⑥ 5.6×64−5.6×24−5.6×30

答え

① 12.2×15−2.2×15＝15×(12.2−2.2)＝15×10＝150

② 25×2.33＋75×2.33＝2.33×(25＋75)＝2.33×100＝233

③ 125×4.56−25×4.56＝4.56×(125−25)
　　　　　　　　　　＝4.56×100＝456

④ 18.4×20−8.4×20＝20×(18.4−8.4)＝20×10＝200

⑤ 1.3×15＋2.7×15＋6×15＝15×(1.3＋2.7＋6)＝15×10＝150

⑥ 5.6×64−5.6×24−5.6×30＝5.6×(64−24−30)＝5.6×10＝56

ひとこと

□×△＋□×○＝□×(△＋○)は中学生になると文字で再登場します。

たとえば、□→ m、△→ x、○→ y とすると、

m × x ＋ m × y ＝ m × (x ＋ y)

これは共通因数でくくるという因数分解です。反対に、

m × (x ＋ y) ＝ m × x ＋ m × y

これは分配の法則です。図解で理解しておけば、中学校の数学でやる分配の法則も共通因数でくくるという因数分解も楽勝です。

PART 4　すばやく計算

2 約数と公約数の求め方

> **ここがコツ！** 約数は両側から書いていく
> 公約数は小さい数からチェックする

約数の求め方

たとえば、35の約数は、1，5，7，35のように、35をわり切ることができる整数です。6の約数なら6をわり切ることができる整数、20の約数なら20をわり切ることができる整数です。約数は両側から書いていくと、速くかんたんに求めることができます。

例 24の約数を全部書いてください。

24÷1＝24ですから、1は24の約数ですが、同時に24÷24＝1ですから、24も約数になります。

そこで（1，　　　　　　　24）のように書きます。

つぎに、24÷2＝12ですから、（1，2，　　　12，24）。

同様に、24÷3＝8、24÷4＝6ですから、

（1，2，3，4，6，8，12，24）

このように、1，2……と小さい数から順番にわりながら、両側から書いていくと、速くかんたんに約数を求めることができます。

以下、演習で慣れましょう。

| 演習 | 次の数の約数を全部書いてください。

① 14の約数　　　② 27の約数　　　③ 45の約数

④ 54の約数　　　⑤ 64の約数　　　⑥ 98の約数

| 答え | ①（1, 2, 7, 14）　②（1, 3, 9, 27）
③（1, 3, 5, 9, 15, 45）　④（1, 2, 3, 6, 9, 18, 27, 54）
⑤（1, 2, 4, 8, 16, 32, 64）　⑥（1, 2, 7, 14, 49, 98）

▶ 公約数の求め方

公約数とは、ある数の約数でかつ別の数の約数にもなっている数のことです。

たとえば、6と24の公約数は、

　6の約数　　**1, 2, 3, 6**

　24の約数　**1, 2, 3,** 4, **6,** 8, 12, 24

両方の約数になっている、（1, 2, 3, 6）が6と24の公約数です。

公約数のうちもっとも大きい6を最大公約数といいます。

公約数を求める問題では、小さい数の約数（6と24の公約数なら6の約数）でチェックするとかんたんに速くできます。以下、例と演習で慣れましょう。

例 20と45の公約数をすべて求めてください。

小さい数20の約数を求めます。両側から書き上げればかんたんでした。

（1, 2, 4, 5, 10, 20）

これらの数で順番に45をわっていき、わり切れれば公約数です。

1はもちろんＯＫ、2と4は偶数なのでダメ、5はＯＫ、10も20もダメ。

よって、公約数は（1, 5）です。

演習① 次の（　）の中の公約数をすべて求めてください。

① (12, 63)　　　② (20, 90)　　　③ (21, 175)

④ (6, 12, 72)　　⑤ (18, 54, 105)

答え
①12の約数1, 2, 3, 4, 6, 12でチェックして（1, 3）
②20の約数1, 2, 4, 5, 10, 20でチェックして（1, 2, 5, 10）
③21の約数1, 3, 7, 21でチェックして（1, 7）
④6の約数1, 2, 3, 6でチェックして（1, 2, 3, 6）
⑤18の約数1, 2, 3, 6, 9, 18でチェックして（1, 3）

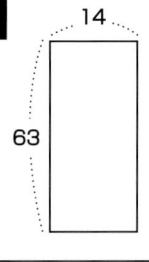

演習② たて63cm、よこ14cmの長方形の紙があります。この紙をたて、よこ、ともに余りが出ないように正方形に切り分けます。できるだけ大きな正方形を作るには、正方形の一辺を何cmにすればよいでしょうか。

答え 正方形だから、たて方向、よこ方向、ともに同じ間隔で切っていきます。よって同じ間隔（＝正方形の1辺）は14と63の公約数です。公約数は小さいほう14の約数 1, 2, 7, 14でチェックすると、（1, 7）です。
できるだけ大きな正方形だから7。
答え　7cm

3 公倍数をつかった計算

> **ここがコツ！** 最小公倍数は大きい数でチェック
> 公倍数＝最小公倍数の倍数

▶ 倍数とは

5の倍数は、5×1=5、5×2=10、5×3=15、5×4=20、5×5=25、5×6=30……のように、5×(整数) です。

4の倍数は、4×(整数)、12の倍数は12×(整数)、です。

▶ 公倍数とは

例として3と4の公倍数を考えましょう。

　3の倍数　3, 6, 9, **12**, 15, 18, 21, **24**, 27, 30, 33, **36**……
　4の倍数　4, 8, **12**, 16, 20, **24**, 28, 32, **36**……

3と4の公倍数は、3の倍数でかつ4の倍数にもなっている数、12, 24, 36……です。

▶ 公倍数の見つけ方

上の3と4の公倍数のうち、一番小さい数（12）を**最小公倍数**といいます。公倍数（12, 24, 36……）は最小公倍数（12）の倍数（12×1=12, 12×2=24, 12×3=36……）です。

そこで公倍数を求める問題では、最小公倍数をまず見つけて、そのあと最小公倍数の倍数で公倍数を求めます。なお、最小公倍数を見つけるときは、大きいほう

の数でチェックすればかんたんです。例と演習でやりかたに慣れましょう。

例 9と15の公倍数を小さいほうから3つあげてください。

まず、最小公倍数を見つけましょう。

大きいほう（15）の倍数でチェックします。15は9でわり切れないからダメ、30もダメ、45は9の倍数ですから、9と15の最小公倍数です。

公倍数は最小公倍数の倍数ですから、小さいほうから順に45，45×2＝90，45×3＝135です。

答え（45，90，135）

演習 ①、②に答えてください。

① 24と60の公倍数を小さいほうから3つあげてください。

② 6と5と10の公倍数を小さいほうから3つあげてください。

答え ①まず、最小公倍数を見つけましょう。

大きいほうの60の倍数でチェックします。60はダメ、120はOK。これは24と60の最小公倍数です。公倍数は最小公倍数の倍数ですから、小さいほうから順に120，120×2＝240，120×3＝360です。

答え（120，240，360）

②もっとも大きい数10の倍数でチェックします。10はダメ、20もダメ、30はOK。これは6と5と10の最小公倍数です。公倍数は最小公倍数の倍数ですから、小さいほうから順に、30，30×2＝60，30×3＝90です。

答え（30，60，90）

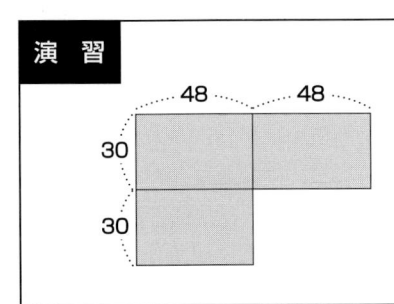

演習 たて30cm、よこ48cmの長方形のタイルを同じ向きに並べて正方形をつくります。もっとも小さい正方形の一辺の長さは何cmでしょうか。またタイルは何枚必要でしょうか。

答え 正方形ですから、たて方向、よこ方向とも同じ長さにします。そこで、正方形の一辺は、30と48の公倍数です。しかも、もっとも小さい正方形ですから最小公倍数です。大きいほうの48の倍数でチェックします。

48　×　96　×
144　×　192　×
240　○

最小公倍数は240です。

正方形の一辺は240cmです。

タイルの枚数は、

たて方向に240÷30＝8（枚）

よこ方向に240÷48＝5（枚）

よって、

8×5＝40（枚）です。

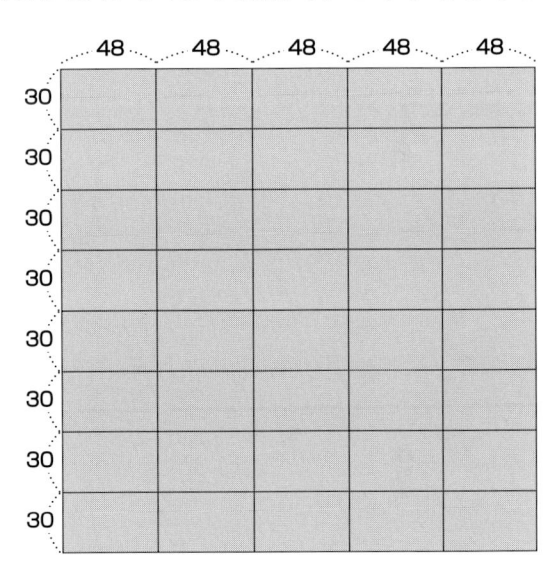

答え　240cm、40枚

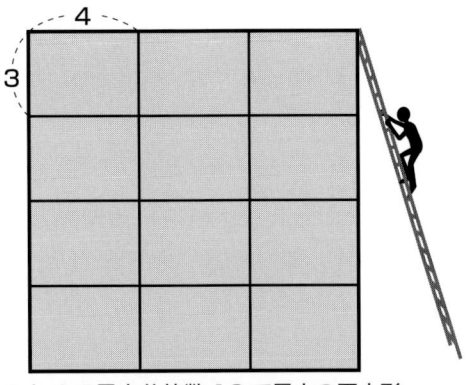

3と4の最小公倍数 12 で最小の正方形。

4 単位の換算

> **ここがコツ！** 単位の換算は機械的にかけるか、わる。
> 複雑な換算は２段階・３段階で行なう

単位の換算

単位の換算とは、たとえば、1kmを1000mにかえることです。ポイントはkmからmにかえるとき、数字を1→1000にかえる、すなわち、kmのときの数値を1000倍（×1000）します。

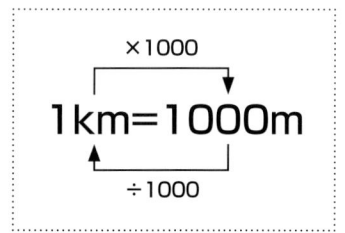

```
        ×1000
       ┌────→┐
       1km=1000m
       └←────┘
        ÷1000
```

反対に、1000mを1kmにかえるときには、数字を1000→1にかえる。すなわち、mのときの数値を1000でわります（÷1000）。何をかけるか、何でわるか。これだけに着目して機械的に行ないます。

演習　（　　）を埋めてください。

1時間＝60分より、時間を分に直すときは1→60だから、時間のときの数値を（　　）倍します。2.5時間は、（　　）分です。60分＝1時間より、分を時間に直すときは60→1だから、分のときの数値を（　　）でわります。42分は、（　　）時間です。
つぎに、1m＝100cmです。このことから0.2mは（　　）cm、また45cmは（　　）mです。

答え　1時間＝60分より、時間を分に直すときは1→60だから、時間のときの

数値を（60）倍します。2.5時間は、2.5×60＝（150）分です。60分＝1時間より、分を時間に直すときは60→1だから、分のときの数値を（60）でわります。42分は、42÷60＝$\frac{42}{60}$＝（$\frac{7}{10}$）時間です。

つぎに、1m＝100cmです。このことから0.2mは0.2×100＝（20）cm、また45cmは45÷100＝（0.45）mです。

複雑な換算

複雑な換算とは、たとえば1.2kmをcmにかえるような換算です。この場合まず、1km＝1000mより1000倍して1.2×1000＝1200mとm単位にします。つぎに1m＝100cmより、100倍して1200×100＝120000cmとcm単位にします。このように2段階に換算します。

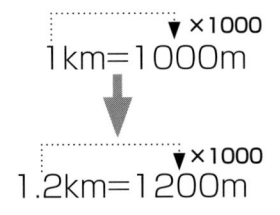

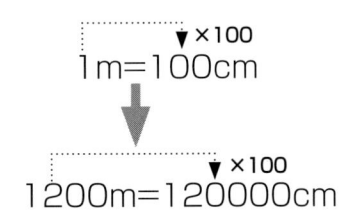

```
         ×1000                    ×100
1km=1000m                1m=100cm
   ↓                        ↓
         ×1000                    ×100
1.2km=1200m              1200m=120000cm
```

演習① ①、②の問いに答えてください。ただし1a＝100m²、1ha＝100aです。

① 0.3haは何m²でしょうか　　② 600000m²は何haでしょうか

★a（アール）とha（ヘクタール）は、田畑などの面積をあらわすのに使う単位

答え
① 1ha＝100aより、0.3haを100倍して0.3×100＝30a。つぎに、1a＝100m²より、30aを100倍して30×100＝3000m²……答え

② 100m²＝1aより、600000m²を100でわって600000÷100＝6000a。100a＝1haより、6000aを100でわって、6000÷100＝60ha……答え

PART 4　すばやく計算

演習②	①、②に答えてください。ただし、1t（トン）＝1000kg、1kg＝1000gです。 ① 1.7tは何gでしょうか　　② 125600gは何tでしょうか

答　え	① 1t＝1000kgより、1.7tを1000倍して1.7×1000＝1700kg 　　つぎに1kg＝1000gより、1700kgを1000倍して 　　1700×1000＝1700000g……答え ② 1000g＝1kgより、125600gを1000でわって、 　　125600÷1000＝125.6kg 　　1000kg＝1tより、125.6kgを1000でわって、 　　125.6÷1000＝0.1256 t……答え

コラム　任意単位と普遍単位による測り方

例として2本の棒（AとB）の長さを測ります。
Aの長さが鉛筆5本分の長さ、Bの長さが鉛筆10本分の長さであったとします。このような測り方を＜任意単位＞による測り方といいます。
この結果からBの長さがAの長さの2倍ということがわかります。このように、相対的な大小判断はつきます。しかし、これでは、いったいどれだけ長いのか、というのがわかりません。そこで私たちは棒の長さを〜cmとか〜mのように測定します。これが普遍単位による測り方です。

PART 5　割合

1　割合の計算

> **ここがコツ！**
> 比べる量÷もとにする量＝割合
> 「〜は」が比べる量

▶ 割合とはなにか？

割合とは、「比べる量」が「もとにする量」の何倍にあたるかを表した数です。以下、具体例を通して理解しましょう。

例　100人は、50人の何倍ですか？

100÷50＝2（倍）と計算します。この2倍が割合です。100人（比べる量）は50人（もとにする量）の2倍ですから、確かにあっています。この計算で、わられる数100を**比べる量**、わる数50を**もとにする量**といいます。

つまり、割合は、$100（比べる量）÷50（もとにする量）＝2（割合）$で計算します。もう一つやってみましょう。

例　20人は、100人の何倍ですか？

$20÷100＝0.2＝\frac{1}{5}$（倍）と計算します。この小数で表した0.2、分数で表した$\frac{1}{5}$が割合です。このとき、わられる数20が比べる量、割る数100がもとにする量です。

つまり、割合は、$20（比べる量）÷100（もとにする量）＝\frac{1}{5}（割合）$で計算します。

以上2つの例から、2つの量があって、どちらが比べる量かわかれば、もう一方はもとにする量ですから、かんたんに割合の計算ができます。

比べる量の見分け方

比べる量は、割合に関する文章で「〜は○○をもとにすると、どれだけでしょう」「〜は○○をもとにすると、何倍でしょう」「〜は○○をもとにすると、何%でしょう」の「〜は」にあたる部分です。

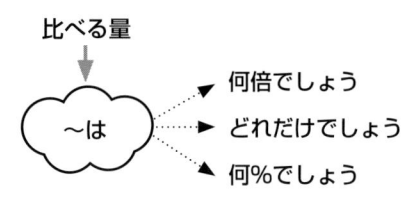

割合の計算方法と比べる量の見分け方がわかりましたので、これから例と演習で、割合の計算に慣れまくりましょう。

割合の計算

例 200円は、全部で800円あるうちのどれだけですか。

⑩⑩　　⑩⑩　⑩⑩　⑩⑩　⑩⑩

問題文からまず比べる量をつかみましょう。「**200円は800円のどれだけですか**」なので、200円が比べる量。そうすると800円がもとにする量です。これを割合の式に代入します。

$$200 \div 800 = 0.25 = \frac{1}{4}$$
比べる量 ÷ もとにする量 ＝ 割合

割合は小数で表すと0.25、分数で表すと$\frac{1}{4}$です。上の図と見比べると確かにあっています。

割合の問題を解くときは、何が「比べる量」なのか、何が「もとにする量」なのかを見きわめることが大切です。以下、演習で慣れましょう。

| 演習① | 田中さんはメダルを6枚、山田さんは48枚持っています。田中さんのメダルをもとにすると、山田さんのメダルは何倍になるでしょう。 |

| 答え | 「山田さんのメダルは何倍になるでしょう」だから、山田さんのメダル48枚が比べる量、田中さんのメダル6枚がもとにする量です。
そこで、48÷6＝8（倍）……答え |

| 演習② | 明くんの体重は23.5kg、お父さんの体重は58.75kg です。明くんの体重は、お父さんの体重の何倍でしょうか。 |

| 答え | 「明くんの体重は何倍でしょうか」だから、明くんの体重23.5kgが比べる量、お父さんの体重58.75kgがもとにする量です。
23.5÷58.75＝0.4（倍）……答え |

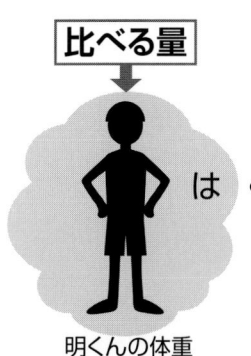

比べる量 → 明くんの体重 は ⋯▶ お父さん もとにする量 の何倍でしょう？

比べる量 ÷ もとにする量 ＝ 割合

PART 5 割合

2 比べる量と もとにする量の計算

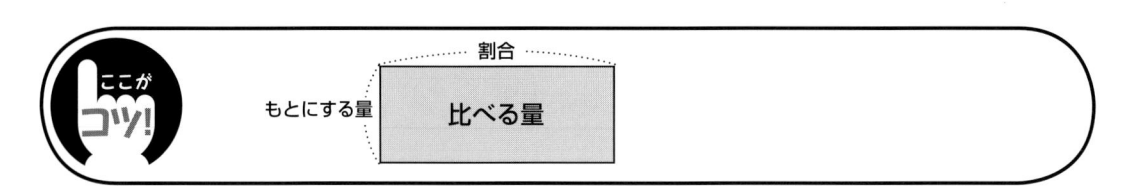

ここがコツ!

```
         割合
もとにする量  比べる量
```

比べる量ともとにする量は面積図で

「比べる量÷もとにする量＝割合」から、上の面積図（PART3参照）が書けます。この面積図をかけば、「もとにする量×割合＝比べる量」「比べる量÷割合＝もとにする量」となることがわかります。割合の問題で、比べる量やもとにする量を求める場合には、この面積図に必要なことを書き込めば解決できます。

以下、例と演習で慣れまくりましょう。

例　（　）に入る数値を求めてください。

80円の2.5倍は（　　）円です。

（　　）を x として問題文を読みかえると、「 x 円は80円の2.5倍です」になります。「～は何倍でしょう」の「～は」に当たるのが比べる量だから、x 円が比べる量、80円がもとにする量、割合が2.5倍です。割合に関する面積図に、これらのことを書き入れます。

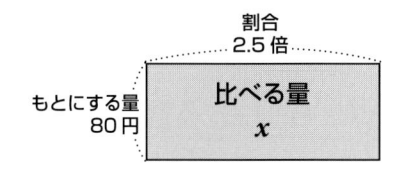

```
              割合
             2.5倍
もとにする量  比べる量
   80円         x
```

面積図より $x = 80 \times 2.5 = 200$

80円の2.5倍は（200）円です。

| 演習① | A君は2500円持っています。これはB君の所持金の0.4倍にあたります。B君の所持金はいくらでしょう。 |

答え B君の所持金を x 円として、問題文を読みかえると、「**2500円は x 円の0.4倍です**」になります。「～は何倍でしょう」の「～は」に当たるのが比べる量ですから、2500円が比べる量、x 円がもとにする量、割合が0.4です。

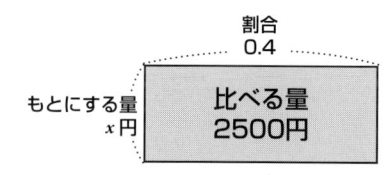

```
            割合
            0.4
もとにする量  比べる量
  x円       2500円
```

面積図より $x = 2500 \div 0.4 = 6250$ ……答え　6250円

| 演習② | 田中さんの学校では、病気の人は全校444人の $\frac{1}{4}$ です。病気の人は何人ですか。 |

答え 病気の人を x 人として、問題文を読みかえると、「**x 人は444人の $\frac{1}{4}$ です**」になります。「～は何倍でしょう」の「～は」に当たるのが比べる量だから、x 人が比べる量、444人がもとにする量、割合が $\frac{1}{4}$ です。

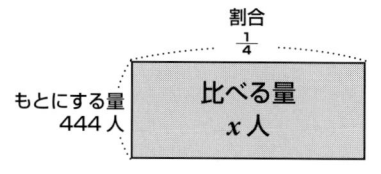

```
              割合
              1/4
もとにする量  比べる量
  444人        x人
```

面積図より $x = 444 \times \frac{1}{4} = 111$ ……答　111人

PART 5 割合

3 百分率と割合

> **ここがコツ！** 小数・整数→％は×100

百分率とは

例 100円（本体）の品物に5円の消費税がつくとき、消費税5円は100円（本体）のどれだけですか？

5円が比べる量、100円がもとにする量ですから、

> 5（比べる量）÷100（もとにする量）＝0.05（割合）です。

この場合、消費税（の割合）は0.05ですが、私たちは1より小さい数はピンとこないので、この割合0.05に100をかけて、0.05×100＝5（％）と表すことがあります。このように、％（パーセント）を用いる表し方を百分率といいます（1％＝0.01）。

例 山田小学校の生徒は450人です。このうちクラブに入っていない生徒は54人です。クラブに入っていない生徒は生徒全体の何％でしょう。

問題文からまず比べる量をつかみましょう。

「**クラブに入っていない生徒（54人）は**生徒全体（450人）**の何％でしょう**」だから、54人が比べる量、450人がもとにする量です。

> 54（比べる量）÷450（もとにする量）＝0.12（割合）

割合に100をかけて、百分率表示にします。

0.12×100＝12（％）……答え

| 演習① | 田中商店では本日仕入れたおにぎり180個のうち、9個が売れ残りました。売れ残ったおにぎりは仕入れたおにぎりの何%でしょう。 |

答え 「売れ残ったおにぎり（9個）は仕入れたおにぎり（180個）の何%でしょう」だから、9個が比べる量、180個がもとにする量です。

9（比べる量）÷180（もとにする量）＝0.05（割合）

割合を百分率表示にしますから、割合に100をかけます。

0.05×100＝5（%）……答え

| 演習② | ある競技会で、出場した選手240人のうち、オリンピックのA標準をクリアできたのは36人でした。このときA標準をクリアした選手は競技会に参加した選手の何%でしょう。 |

答え 「A標準をクリアした選手（36人）は競技会に参加した選手（240人）の何%でしょう」だから、36人が比べる量、240人がもとにする量です。

36（比べる量）÷240（もとにする量）＝0.15（割合）

割合を百分率表示にしますから、割合に100をかけます。

0.15×100＝15（%）……答え

4 百分率と比べる量・もとにする量

> **ここがコツ!** ％→小数・整数に、そのあと面積図で見る

▶ **百分率を「比べる量÷もとにする量＝割合」の割合になおす**

「比べる量÷もとにする量＝割合」で計算した割合に100をかけると、割合の百分率（％）表示になりました。そこで、％表示された割合から、「比べる量÷もとにする量＝割合」を使って比べる量ともとにする量を求めるためには、まず「〜％」を100でわって小数または整数で表される割合にします。そのあと、2節のように面積図を使って、比べる量ともとにする量を求めます。

以下、例と演習で慣れまくりましょう。

例 （　　）に入る数値を求めてください。

30個は（　　）個の10％にあたります。

まず％を100でわって、小数または整数に直します。

10％＝10÷100＝0.1

そうすると、問題文は「30個は（　　）個の0.1倍にあたります」にかわります。

（　　）を x として問題文を読みかえると、「**30個は x 個の 0.1（倍）です**」になります。「〜は何倍」の「〜は」に当たるのが比べる量ですから、30個が比べる量、x 個がもとにする量、割合が0.1倍です。割合に関する面積図にこれらのことを書き入れます。

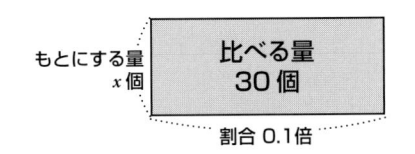

```
もとにする量    比べる量
  x個         30個
         割合 0.1倍
```

面積図より $x=30÷0.1=300$

答え　30個は（300）個の10%です。

> **演習①**　（　　）に入る数値を求めてください。
>
> 650枚の14%は（　　）枚です。

答え　まず、14%を小数または整数に直します。

$14÷100=0.14$

そうすると問題文は、「650枚の0.14倍は（　　）枚です」にかわります。（　　）を x として問題文を読みかえると、「**x枚は650枚の0.14倍です**」になります。x枚が比べる量、650枚がもとにする量、割合が0.14倍です。

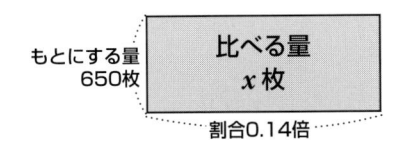

```
もとにする量    比べる量
  650枚        x枚
         割合0.14倍
```

面積図より $x=650×0.14=91$

答え　650枚の14%は（91）枚です。

> **演習②**　ある学校の男子生徒は、全学年の45%で360人です。このとき全学年の人数は何人ですか。

答え　45%は、$45÷100=0.45$。そうすると、問題文は「男子の生徒は全学年の0.45倍で360人です。全学年の人数は何人ですか」になります。全学年を x 人として問題文を読みかえると、「**男子（360人）は全学年（x人）の0.45倍です**」になります。360人が比べる量、x人がもとにする量、割合が0.45倍です。

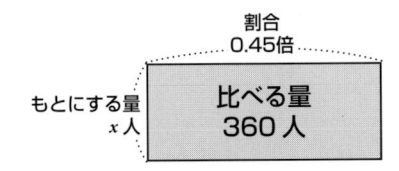

```
            割合
           0.45倍
もとにする量  比べる量
  x人       360人
```

面積図より $x=360÷0.45=800$

答え　800人

PART 5　割合

PART 6 比

1 比と、比をかんたんにする

> **ここがコツ!** 「かける」と「わる」で比をかんたんに！

▶ 比とはなにか？

具体例で考えましょう。「Aはメダルを6枚、Bはメダルを3枚もっています。このとき、AのメダルはBのメダルの何倍ですか」なら、

6（比べる量）÷3（もとにする量）＝2（倍） です。

「BのメダルはAのメダルの何倍ですか」なら、

3（比べる量）÷6（もとにする量）＝0.5（倍） です。

このような表し方を「割合」といいました。このAのメダルとBのメダルの関係を比で表すとどうなるでしょう。

A ○○○　　　B ○○○
　○○○

AのメダルとBのメダルの関係は、6と3の関係ですから、比では、「A：B＝6：3」（「AたいB＝6たい3」と読みます）のように表します。BのメダルとAのメダルの関係は、3と6の関係ですから、比では「B：A＝3：6」（「BたいA＝3たい6」と読みます）のように表します。このような表し方を「比」といいます。

▶ 比をかんたんにする

上の図からわかるように、 6：3＝2：1 です。このように、**できるだけ小さい整数の比にすること**を、「比をかんたんにする」といいます。

比をかんたんにするのには、いくつかの場合があります。以下、例と演習で慣れましょう。

例 30：72をかんたんにしてください。

30と72を最大公約数6でわります。

30：72＝（30÷6）：（72÷6）＝5：12

※「a：b」の前の数とうしろの数を、同じ数でわっても比は「a：b」と等しくなります。

例 0.3：1.5をかんたんにしてください。

まず、0.3と1.5に10をかけて整数の比にします。

0.3：1.5＝（0.3×10）：（1.5×10）＝3：15

つぎに、3と15を最大公約数3でわります。

3：15＝（3÷3）：（15÷3）＝1：5

まとめて書くと、0.3：1.5＝3：15＝1：5

※「a：b」の前の数とうしろの数を、同じ数でかけても比は「a：b」と等しくなります。

演習 1.2：3.6を、かんたんにしてください。

答え 1.2：3.6＝（1.2×10）：（3.6×10） ◀ 整数の比に

　　　　　＝12：36

　　　　　＝（12÷12）：（36÷12） ◀ 12と36の最大公約数でわる

　　　　　＝1：3

PART 6 比

例 Aさんは1500円、Bさんは2700円持っています。Bさんの所持金とAさんの所持金の比を求めてください。

さしあたり、B：A＝2700：1500

この比はまだかんたんにできるので、かんたんにします。

B：A＝2700：1500＝(2700÷100)：(1500÷100)＝27：15
　　　＝(27÷3)：(15÷3)＝9：5

このように、「比を求めてください」という問題では、さいごに必ず比をかんたんにします。

演習 長方形の畑があります。たての長さが3.2m、よこの長さが4.8mです。このとき、たての長さとよこの長さの比を求めてください。

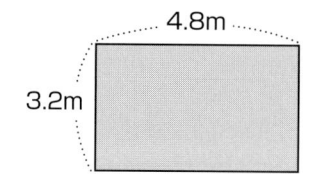

答え たての長さ：よこの長さ
　　＝3.2：4.8
　　＝(3.2×10)：(4.8×10) ◀······ 整数の比に
　　＝32：48
　　＝(32÷16)：(48÷16) ◀······ 32と48の最大公約数16でわる
　　＝2：3……答え

3.2m(たての長さ)：4.8m(よこの長さ)＝2：3

2 比の値を求める

> **ここがコツ！** A：Bの比の値はA÷B

▶ A：Bの比の値はAのBに対する割合

比は、割合をあらわす一つの方法ですが、「A：Bの比の値」といわれたら、A÷Bで計算します。つまり、A：Bの比の値は「AのBに対する割合」です。

例 次の①〜④の比の値を求めてください。

① 6：24　　② 0.9：2.7　　③ $\dfrac{1}{4}:\dfrac{1}{3}$　　④ $1.5:\dfrac{1}{8}$

①A：Bの比の値はA÷Bだから、6：24の比の値は、

$$6 \div 24 = \dfrac{6}{24} = \dfrac{1}{4} \quad (\text{または}0.25)$$

②まず、整数の比にします。

$$0.9:2.7 = (0.9 \times 10):(2.7 \times 10) = 9:27$$

9：27の比の値は、$9 \div 27 = \dfrac{9}{27} = \dfrac{1}{3}$

0.9：2.7の比の値は、9：27の比の値と等しいから $\dfrac{1}{3}$

③ $\dfrac{1}{4} \div \dfrac{1}{3} = \dfrac{1}{4} \times \dfrac{3}{1} = \dfrac{3}{4}$

④分数と小数ですから分数に統一します。

$1.5 = 15 \div 10 = \dfrac{15}{10} = \dfrac{3}{2}$ より、$1.5:\dfrac{1}{8} = \dfrac{3}{2}:\dfrac{1}{8}$

$\dfrac{3}{2}:\dfrac{1}{8}$ の比の値は、$\dfrac{3}{2} \div \dfrac{1}{8} = \dfrac{3}{2} \times \dfrac{8}{1} = 12$

$1.5:\dfrac{1}{8}$ の比の値は $\dfrac{3}{2}:\dfrac{1}{8}$ の比の値だから、12

PART 6 比

演習①	次の比の、比の値を求めてください。

① 0.9 : 1.5　　　　② $\frac{1}{4}$: 3.6

答え ①まず、整数の比にします。

0.9 : 1.5 ＝（0.9×10）:（1.5×10）＝ 9 : 15

0.9 : 1.5の比の値は、9 : 15の比の値だから、

$9 \div 15 = \frac{9}{15} = \frac{3}{5}$ ……答え

②$3.6 = 36 \div 10 = \frac{36}{10} = \frac{18}{5}$ より、$\frac{1}{4} : 3.6 = \frac{1}{4} : \frac{18}{5}$

$\frac{1}{4} : \frac{18}{5}$の比の値は、$\frac{1}{4} \div \frac{18}{5} = \frac{1}{4} \times \frac{5}{18} = \frac{5}{72}$

$\frac{1}{4}$: 3.6の比の値は$\frac{1}{4} : \frac{18}{5}$の比の値だから$\frac{5}{72}$……答え

演習②	Aさんの学校でクラブに入っている人は90人です。このうち運動クラブに入っている人は65人で、運動クラブに入っていない人はすべて文化クラブに入っています。このとき、以下の問に答えてください。 ①運動クラブに入っている人と文化クラブに入っている人の比 ②運動クラブに入っている人とクラブに入っている人の比 ③文化クラブに入っている人とクラブに入っている人の比の、比の値

答え ①文化クラブに入っている人は、90－65＝25（人）ですから、運動クラブに入っている人と文化クラブに入っている人の比は、

65 : 25 ＝（65÷5）:（25÷5）＝ 13 : 5……答え

②運動クラブに入っている人とクラブに入っている人の比は、

65 : 90 ＝（65÷5）:（90÷5）＝ 13 : 18……答え

③文化クラブに入っている人とクラブに入っている人の比は25 : 90だから、その比の値は、$25 \div 90 = \frac{25}{90} = \frac{5}{18}$……答え

3 比を使った方程式

内項の積＝外項の積

内項・外項とは

比の方程式は「**内項の積＝外項の積**」で解きます。そこでまず、内項と外項から説明します。

Ⓐ：Ⓑ＝Ⓒ：Ⓓ の内側にあるⒷとⒸが**内項**、ⒶとⒹが**外項**です。

内項の積＝外項の積

Ⓐ：Ⓑ＝Ⓒ：Ⓓの内項の積（Ⓑ×Ⓒ）と外項の積（Ⓐ×Ⓓ）が等しいことを具体例で確認しましょう。

①：②＝②：④　について　②×②＝①×④
②：④＝③：⑥　について　④×③＝②×⑥

確かに「内項の積＝外項の積」になっています。そこで、比の方程式は「Ⓑ×Ⓒ（内項の積）＝Ⓐ×Ⓓ（外項の積）」に当てはめて解きます。

比の方程式を解く

例と演習で慣れましょう。

例 1：3＝6：x の x を求めてください。

①：③＝⑥：x　内項の積＝外項の積だから、③×⑥＝①×x

➡ $x=18$

1：3＝6：18となりました。これでいいことを、比をかんたんにして確認します。6：18＝(6÷6)：(18÷6)＝1：3で、確かにあっています。

例 漫画本が何巻かあります。読み終えた本の巻数と未読の本の巻数の比は3：2で、読み終えた本の巻数は21巻です。未読の本は何巻でしょう。

未読の本を x 巻とすると、③：②＝㉑：Ⓧ

内項の積＝外項の積だから、

②×㉑＝③×Ⓧ

　　　42＝3×x

　　　x＝42÷3＝14……答え　14巻

演習① 3：5＝x：75の x を求めてください。

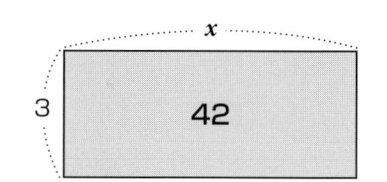

答え ③：⑤＝Ⓧ：㊲　内項の積＝外項の積だから、

⑤×Ⓧ＝③×㊲

5×x＝225

　　x＝225÷5＝45……答え

演習② A君の学校では、教師と生徒の人数の比が2：7で、生徒は427人です。このとき教師の人数を求めてください。

答え 教師の人数を x 人とすると、2：7＝x：427。内項の積＝外項の積だから、7×x＝2×427

7×x＝854

　x＝854÷7

　　＝122……答え　122人

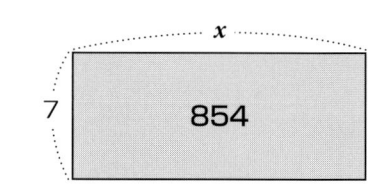

4 比で分ける

ここがコツ！ 線分図で考える

全体を比で分けたいとき

たとえば、100人を2：3に分けたり、42個を3：4に分けたりする問題は、線分図を書けばかんたんに解決できます。たとえば、100人を2：3に分ける場合の線分図は下のようになります。

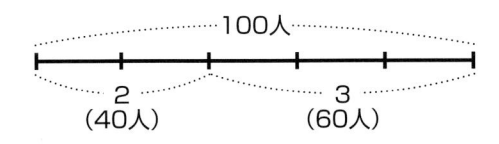

```
|---|---|---|---|---|
    2       3
  (40人)   (60人)
      100人
```

比を使った問題を解く

例と演習で、比を使った問題に慣れましょう。

例 90個のお菓子を、AグループとBグループに2：7に分ける場合、Aグループのお菓子は何個になりますか。

まず下のような線分図を書きます。

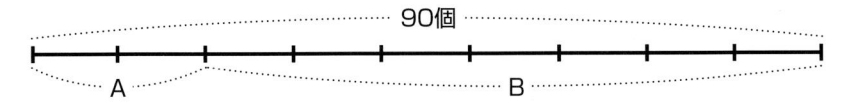

```
|--|--|--|--|--|--|--|--|--|
  A             B
        90個
```

この線分図から全体90個を9目盛り（2＋7）とすると、Aグループのお菓子は2目盛りだから、全体90個（9目盛り）の$\frac{2}{9}$です。そこでAグループのお菓子は、$90 \times \frac{2}{9} = 20$（個）です。

| 演習① | 104人のグループがあって、子供：大人が5：3です。このとき子供の人数を求めてください。 |

答え 線分図をかきます。

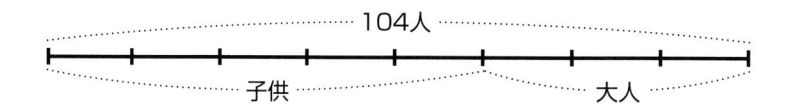

```
┌─────────── 104人 ───────────┐
├──┼──┼──┼──┼──┼──┼──┼──┤
└──── 子供 ────┘└── 大人 ──┘
```

この線分図から全体104人を8目盛り（5＋3）とすると、子供の人数は5目盛りだから、全体104人（8目盛り）の $\frac{5}{8}$ です。

$104 \times \frac{5}{8} = 65$（人）……答え

| 演習② | Aさんには長男、次男、三男の3人の子どもがいます。正月のお年玉総額20000円を、長男（の金額）：次男（の金額）：三男（の金額）＝5：3：2に分けるとき、次男にはいくらあげることになるでしょうか。 |

答え 線分図をかきます。

```
┌──────────── 20000円 ────────────┐
├─┼─┼─┼─┼─┼─┼─┼─┼─┼─┤
└──── 長男 ────┘└── 次男 ──┘└ 三男 ┘
```

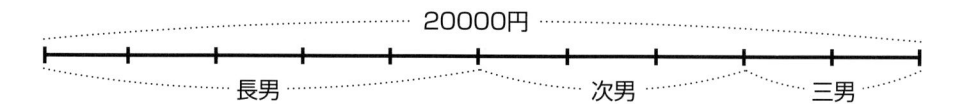

この線分図から20000円を10目盛り（5＋3＋2）とすると次男（の金額）は3目盛りだから、全体20000円（10目盛り）の $\frac{3}{10}$ です。

$20000 \times \frac{3}{10} = 6000$（円）……答え

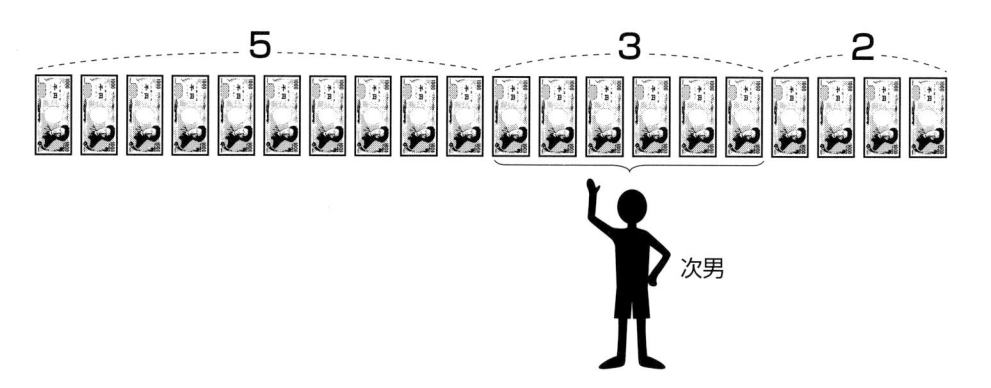

5 間接的に測定する

ここがコツ！ 比例式で解く

▶ 直接的に測定しないで、間接的に測定する

たとえば、釘が2000本必要な場合、1本2本……と2000本まで、1本ずつ数えるのは大変です。

昔、金物屋さんでは、2000本を数えるのに、まず100本を取り出して、その重さを量りました。

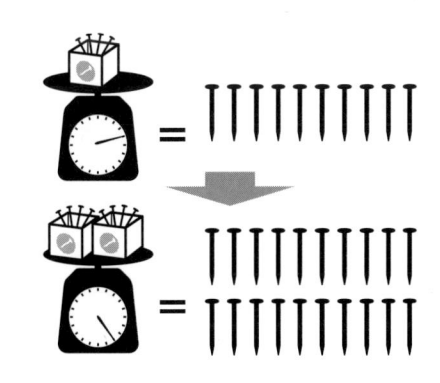

もしそれが50gだったら、50gで100本、100gで200本、150gで300本と、重さがわかれば釘のだいたいの本数がわかります。

2000本の重さを x gとすると、$50:x=100:2000$ という比例式がたてられます。

63ページで説明した「内項の積＝外項の積」より、$x \times 100 = 50 \times 2000$

ここから、 $x = 50 \times 2000 \div 100 = 1000$（g）

つまり、1000g分の釘を量れば、それで間接的に釘2000本だとわかります。

こういう間接的に測定する問題をここではとりあげます。

このようなやり方は、直接的に測定することが困難な場合に非常に有効で、比例式でかんたんに解けます。

以下、例と演習で慣れましょう。

▶ **間接的に測定する問題を解く**

例 針金が200m必要です。針金2mが24gのとき、何gの針金が必要ですか。

必要な針金を x gとすると、

$24 : x = 2 : 200$

$\quad 2 \times x = 24 \times 200$

$\quad 2 \times x = 4800$

$\qquad x = 4800 \div 2 = 2400$ ……答え　2400g

演習
① ある金属が300cm³必要です。そこで5cm³の重さをはかると6gでした。このとき必要な金属は何gですか？

② 印刷用紙が12000枚必要です。そこで100枚の厚さをはかったら3.2cm。このとき必要な印刷用紙の厚さは何cmですか。

③ 計量カップ2杯に入る米粒を数えたところ640粒でした。このとき、計量カップ120杯に入る米粒は何粒でしょう。

答え
① 必要な金属を x gとすると、

$\qquad 6 : x = 5 : 300$

$\qquad 5 \times x = 6 \times 300$

$\qquad\quad x = 6 \times 300 \div 5 = 360$ ……答え　360g

② 必要な印刷用紙の厚さを x cmとすると、

$\qquad 3.2 : x = 100 : 12000$

$\qquad 100 \times x = 3.2 \times 12000$

$\qquad\quad x = 3.2 \times 12000 \div 100 = 384$ ……答え　384 cm

③ 計量カップ120杯に入る米粒を x 粒とすると、

$\qquad 2 : 120 = 640 : x$

$\quad 120 \times 640 = 2 \times x$

$\qquad\quad x = 120 \times 640 \div 2 = 38400$ ……答え　38400粒

15分でやってみよう！
うでだめし問題

① 4.7×23−4.7×8

② 62×3.4+27×3.4

③ 45と18の最小公倍数は？

④ 96と24の最大公約数は？

⑤ 0.6km+2700cm

⑥ 820g+1.09t

⑦ Aさんの通うスポーツクラブでは、テニスをやっている人の数と、水泳をやっている人の数の比が、7：5です。テニスをやっている人が28人だとすると、水泳をやっている人は何人でしょう。

⑧ 北海道行きの飛行機のある便では、40席が空席でした。これは満席（席がすべてうまっていること）のときの20%にあたります。また、きのうの同じ便は、今日と比べて110%にあたる数の席がうまっていました。

　a）この飛行機には、全部で何席ありますか。

　b）きのうの同じ便では、空席が何席あったでしょうか。

★答え

① 4.7×(23−8)=4.7×15=70.5　　② 3.4×(62+27)=3.4×89=302.6
③ 45の倍数は、45，90，135，……。90は18の倍数……答え　90
④ 24の約数は、1，2，3，4，6，8，12，24。24は96の約数……答え　24
⑤ 0.6km=60000cmなので、60000+2700=62700cm（0.627km、627m）
⑥ 1.09t=1090000gなので、820+1090000=1090820g（1.09082t、1090.82kg）
⑦ 水泳をやっている人を x 人とすると、28：x=7：5　x×7=140　x=20……答え　20人
⑧ a）この飛行機の席の数を x とすると、x×0.2=40　x=200……答え　200席
　b）今日の便でうまっていた席の数は、200（席）−40（席）=160席。きのうの空席の数を x とすると、200−x=160×1.1　これを解いて、x=24……答え　24席

PART 6 比

PART 7　単位量あたりの大きさ

1　平均と単位量あたりの大きさ

> **ここがコツ！**
> 平均＝合計÷個数
> 合計＝平均×個数

▶ 単位量あたりの大きさとは

たとえば、6m²の部屋に12人がいるとき、1m²あたりの人数は2人です。また、車がガソリン5ℓで50km走るとき、1ℓあたり10kmと計算できます。このようなものを「単位量あたりの大きさ」といいます。

このように、単位量あたりの大きさにはいろんなものが考えられます。

▶ 平均と合計

いろいろな大きさの量や数をならして、同じ大きさにしたものを平均といいます。

70点、80点、65点、67点、58点の合計点は、70＋80＋65＋67＋58＝340（点）、平均点は340÷5＝68（点）です。

このように、**平均＝合計÷個数**で求められます。

またこのとき、340＝68 ×5ですから、

このように、　**合計　＝平均×個数**となります。実はこの式が大事です。

平均と個数が与えられたとき、反射的に合計を計算します。この習慣をつけると、平均の問題に強くなれます。

以下、例と練習で慣れましょう。

▶ 平均の問題を解く

例 男子5人の平均点は80点、女子4人の平均点は71点です。このとき、男女9人の平均点は何点ですか。

平均点（80点）と個数（5人）より、反射的に男子の合計点を出します。

合計＝平均×個数＝80×5＝400（点）です。

平均点（71点）と個数（4人）より、反射的に女子の合計点を出します。

合計＝平均×個数＝71×4＝284（点）です。そこで、

男女9人の平均 ＝男女9人の合計÷9
　　　　　　　＝(男子の合計＋女子の合計)÷9
　　　　　　　＝(400＋284)÷9＝684÷9＝76……答え　76点

例 A、B、Cの3人の身長の平均は165.6cmです。これに身長174cmのDが加わった4人の身長の平均は何cmでしょう。

身長の平均（165.6cm）と個数（3人）より、反射的に身長の合計を出します。

3人の合計＝平均×個数＝165.6×3＝496.8です。Dが加わった、

4人の平均 ＝4人の合計÷4
　　　　　＝(3人の合計＋D)÷4
　　　　　＝(496.8＋174)÷4＝167.7……答え　167.7cm

| 演習① | 下表はAさんの4回分のテストの成績です。平均点が75点のとき、3回目の点数を求めてください。 |

回数	1	2	3	4
点数	71	82	?	92

答え 平均点（75点）と個数（4回）より、反射的に合計点をだします。

合計＝平均×個数＝75×4＝300

3回目を x 点とすると、

71＋82＋x＋92＝300

245＋x＝300

x＝300－245＝55……答え　55点

| 演習② | A、B、Cの3人の体重の平均は44.6kgです。これに、Dが加わった4人の体重の平均は46kgです。このときDの体重は何kgでしょう。 |

答え 3人の体重の平均（44.6kg）と個数（3人）より、

合計＝平均×個数＝44.6×3＝133.8

4人の体重の平均が46kgだから、4人の体重の合計は、

平均×個数＝46×4＝184

Dの体重を x kgとすると、

133.8＋x＝184

x＝184－133.8＝50.2……答え　50.2kg

2 人口密度と密度

> **ここがコツ!**
> 人口密度＝人口÷面積
> 密度＝重さ÷体積

PART 7 単位量あたりの大きさ

▶ 人口密度

人口密度とは1（km²）あたりの人口のことで、人口÷面積（km²）で求められます。たとえば、下図のように5（km²）に25000人の人口がいる場合の人口密度は、25000÷5＝5000（人）です。

```
            25000人
            5(km²)
              ↓
5000人 | 5000人 | 5000人 | 5000人 | 5000人
1(km²) | 1(km²) | 1(km²) | 1(km²) | 1(km²)
```
5km²に25000人なら1km²あたり5000（人）

演習① A町の人口は22660人で面積は11（km²）です。
A町の人口密度は何人ですか。

答え 22660÷11＝2060
……答え 2060人

| 演習② | B町の人口密度は850人で、人口が11050人です。B町の面積は何（km²）ですか。 |

| 答え | B町の面積を x（km²）とすると、「人口密度＝人口÷面積」より、
850＝11050÷x
面積図より、x＝11050÷850＝13
……答え　13km² |

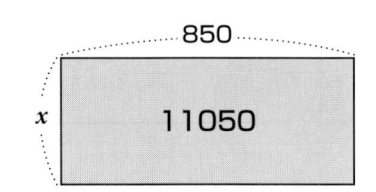

密度

物体の1（cm³）あたりの重さ（g）を密度といい、重さ（g）÷体積（cm³）で求められます。たとえば、下の金属の重さは15gで、体積が3（cm³）のとき、密度は15÷3＝5（g）です。

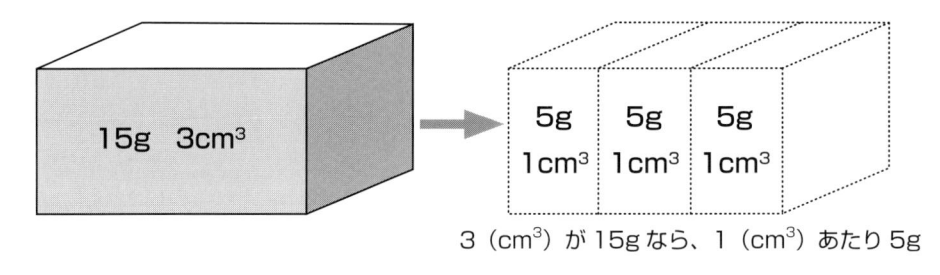

| 演習① | 体積が20cm³の鉄の重さは158gです。鉄の密度はいくらでしょう。 |

| 答え | 密度＝重さ÷体積より、
158÷20＝7.9
……答え　7.9g |

演習② 銅の密度は9gです。120cm³の銅の重さは何gでしょう。

答え 銅の重さを x g とすると

密度＝重さ÷体積だから、

$9 = x \div 120$

$x = 9 \times 120 = 1080$

……答え　1080g

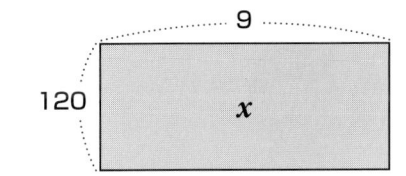

演習③ 金の密度は19.3gです。772gの金の体積は何cm³でしょう。

答え 体積を x cm³ とすると

密度＝重さ÷体積だから、

$19.3 = 772 \div x$

$x = 772 \div 19.3 = 40$

……答え　40cm³

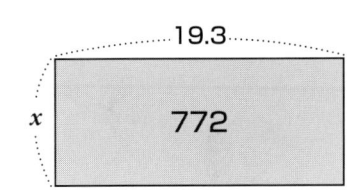

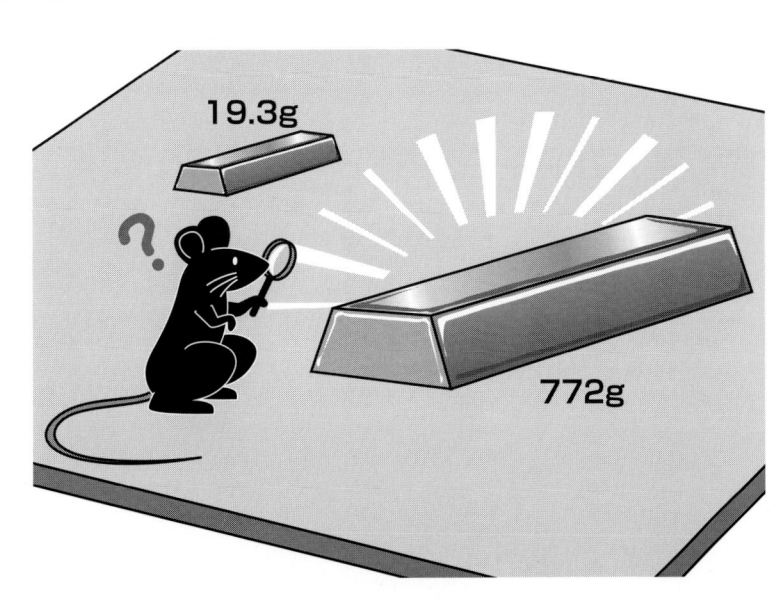

PART 8　速さ・時間・道のり

1　速さ・時間・道のりの公式

ここがコツ！　[道のり／速さ｜時間] を使う

図解から公式をつくる

道のり＝速さ×時間、速さ＝道のり÷時間、時間＝道のり÷速さの3つの公式がありますが、無理にこれらを暗記する必要はありません。左下の図をつかえば、かんたんにこれらの公式がつくることができるからです。

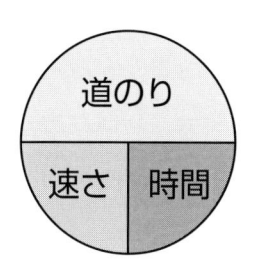

左図は、

道のり＝速さ×時間
速さ＝道のり÷時間
時間＝道のり÷速さ

を表します。

速さ・時間・道のりを求める

例と演習で慣れましょう。

例　山田さんは825mを15分で歩きました。このとき山田さんの歩く速さは、分速何mでしょうか。

分速 x m として、右図に必要なことを書き込みます。

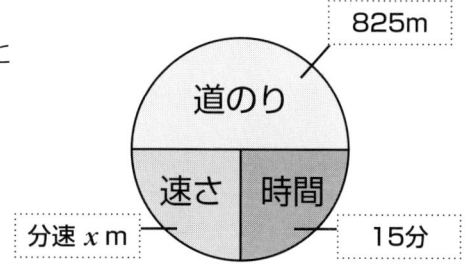

（図：道のり＝825m、速さ＝分速 x m、時間＝15分）

図より、速さ（x）＝道のり÷時間＝825÷15＝55……答え　分速55m

演習① Aさんは720mを分速45mで歩きました。このとき、何分かかるでしょうか。

答え かかる時間を x 分として、下図に必要なことを書き込みます。

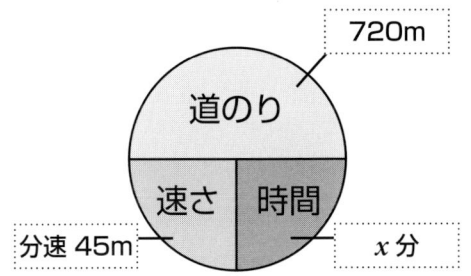

図より、

時間(x) ＝道のり÷速さ

　　　　＝720÷45

　　　　＝16……答え　16分

演習② Aさんは分速8mで27分走りました。このとき、Aさんは何m走りましたか。

答え 道のりを x mとして、下図に必要なことを書き込みます。

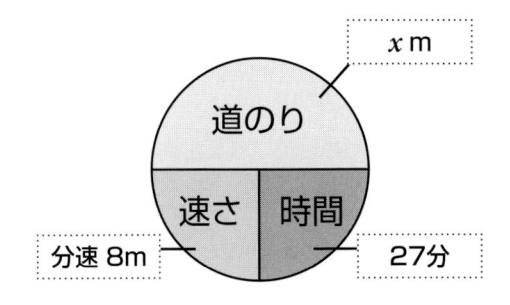

図より、道のり(x) ＝速さ×時間

　　　　　　　　＝8×27

　　　　　　　　＝216……答え　216m

PART 8　速さ・時間・道のり

2 速さの変換

> **ここがコツ!** 道のり→時間の2段階で変換を行なう

▶単位が異なる場合の速さの変換

たとえば、時速7.2km、時速7200m、分速0.12km、分速120m、秒速0.002km、秒速2m。これらは見かけは違いますが、みな同じ速さです。ここでは、時速7.2kmと秒速2mのように、時間（時間と秒）と道のり（kmとm）の両方の単位が異なる場合の変換を行ないます。

この変換は苦手な人が多いようですが、それは一気に変換しようとするからです。道のり、つぎに時間というふうに2段階でやればかんたんにできます。

例 時速36kmは、分速何mですか。

まず道のりをかえます。1km＝1000mだから、36kmは36×1000＝36000m。
時速36kmは時速36000m。時速36000mは1時間＝60分で36000m進む速さです。
速さ＝道のり÷時間＝36000÷60＝600
答え　分速600m

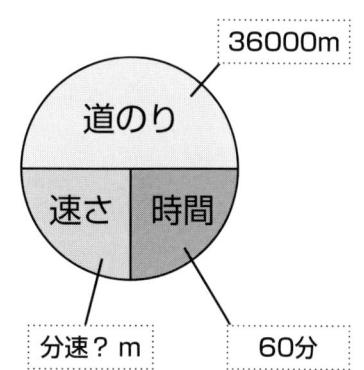

```
       36000m
   ┌─────────┐
   │  道のり  │
   ├────┬────┤
   │速さ│時間│
   └────┴────┘
   分速?m    60分
```

| 演 習 | 1620mの道のりを時速1.8kmで歩くと、何分かかるでしょうか。 |

答 え　時速1.8kmを分速〜mにかえます。

まず、1.8km＝1.8×1000＝1800m

つまり、時速1.8km＝時速1800m。1時間＝60分だから、

時速1800mは60分で1800m進むときの速さです。

そこで、速さ＝道のり÷時間＝1800÷60＝30

時速1.8km＝分速30m

つまり、本問は「1620mの道のりを分速30mで歩くと何分かかるでしょうか」という問題になります。

そこで下図より、時間＝道のり÷速さ＝1620÷30＝54

答え　54 分

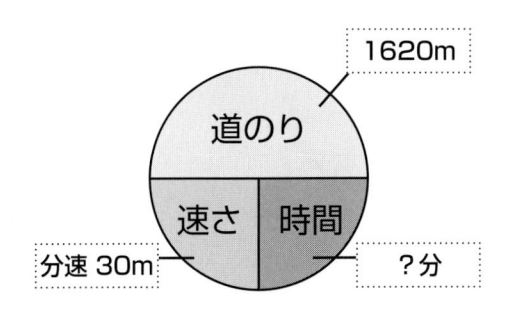

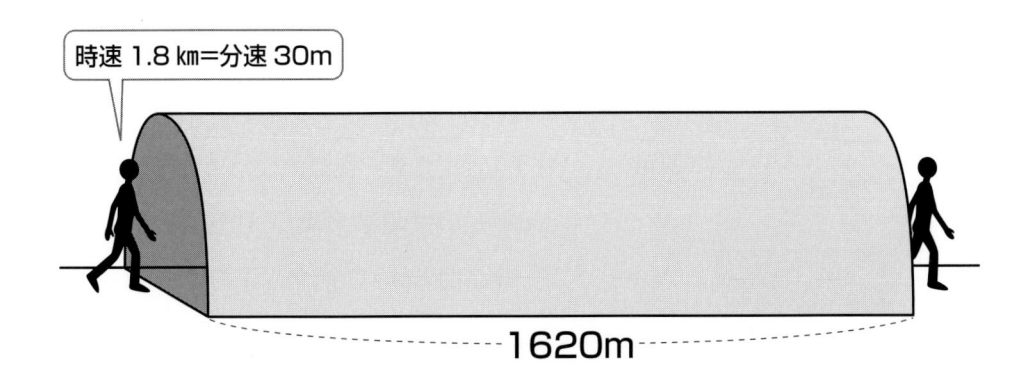

PART 8　速さ・時間・道のり

3 追いかける問題

ここがコツ！ 速さの差に、目をつける

▶ 速さ・時間・道のりの図で、速さの差を速さとする

追いかけたり、近づいたり、出会ったりする問題を「旅人算」といいますが、ここでは、そのうちの「追いかけて、追いつく」問題を取り上げます。

この問題では、速さの差に着目することが大切です。

たとえば、下図のように30m先にいるAさん（分速40m）をBさん（分速50m）が追いかける場合を考えましょう。

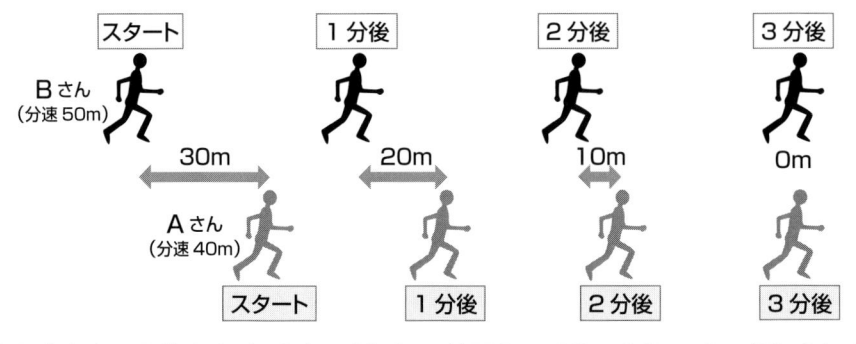

BさんはAさんに、1分あたり2人の速さの差50－40＝10mずつ近づきます。これを速さ、最初の間隔30mを道のりとして、下図に書き込みます。

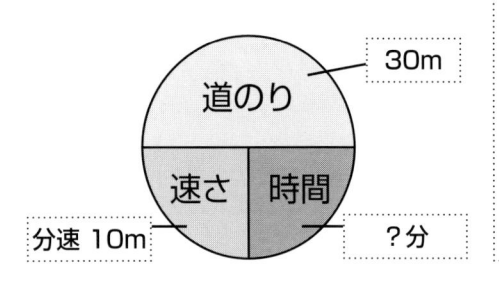

左図より、追いつくまでにかかる時間は30÷10＝3（分）です。上図より、スタート時のAさんとBさんの間隔は30m、1分後の間隔は20m、2分後の間隔は10m、3分後の間隔は0mで追いつきますから、確かに計算結果とあいます。

このように、速さ・時間・道のりの図に、道のりとして最初の2人の間隔、速さとして2人の速さの差を書き入れれば、「追いかけて、追いつく」問題はかんたんに解けます。

例 2400m先を歩くAさんをBさんが自転車で追いかけます。Aさんの速さが分速60m、Bさんの速さが分速180mのとき、BさんがAさんに追いつくのに何分かかるでしょう。

AさんとBさんの速さの差（1分あたり）は、180−60＝120（m）です。BさんはAさんに、1分あたり120m近づきます。これを速さ、最初の道のりの差2400mを道のりとして、下図に書き込みます。

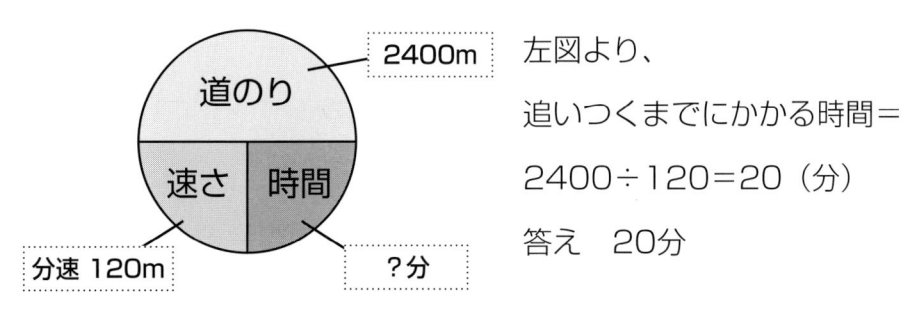

左図より、

追いつくまでにかかる時間＝

2400÷120＝20（分）

答え　20分

演習 1200m先を歩く田中さんを、山田さんが走って追いかけます。田中さんの速さが分速60mのとき、山田さんが追いつくのに20分かかりました。このとき山田さんの速さは分速何mでしょうか。

答え 山田さんの速さを分速 x m とすると、田中さんと山田さんの速さの差（1分あたり）は $(x-60)$ m。これを速さ、最初の道のりの差1200mを道のり、時間を20分として、右図に書き込みます。

速さ$(x-60)$＝道のり(1200)÷時間(20)

$x-60=60$

$x=60+60=120$

答え　分速120m

4 出会いの問題

速さの和に、目をつける

▶速さ・時間・道のりの図で、速さの和を速さとする

ここでは、旅人算の「出会い」の問題を取り上げます。

この問題では、速さの和に着目することが大切です。たとえば、下図のように300m離れているA点とB点から、田中さん（分速60m）と山田さん（分速40m）が同時に図の方向にスタートするときを考えましょう。

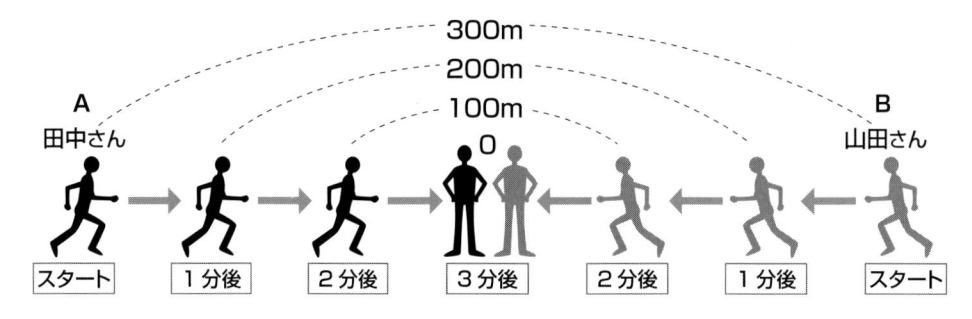

山田さんと田中さんは1分あたりの2人の速さの和60＋40＝100mずつ近づきます。これを速さ、最初の間隔300mを道のりとして、下図に書き込みます。

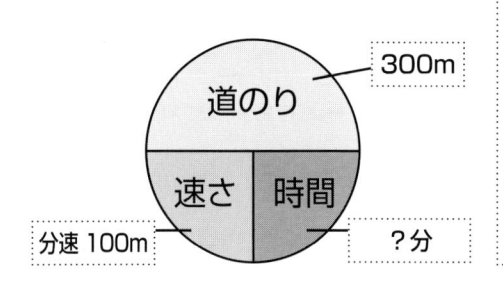

左図より、出会うまでにかかる時間は、300÷100＝3（分）です。上図のようにスタート時の田中さんと山田さんの間隔は300m、1分後の間隔は200m、2分後の間隔は100m、3分後の間隔は0mで出会いますから、確かに計算結果とあっています。

このように、速さ・時間・道のりの図に、道のりとして最初の2人の間隔、速さとして2人の速さの和を書き入れれば、出会いの問題はかんたんに解けます。

例 A、Bの2人が、周囲1750mの池の同じ地点から、池のまわりにそって反対方向に歩くとき、出会うのに何分かかりますか。ただし、Aは分速180m、Bは分速70mです。

速さ・時間・道のりの図に、道のりとして最初の2人の間隔1750m、速さ（分速）として2人の速さの和180＋70＝250（m）を書きこみます。

右図より、出会うまでにかかる時間は、
1750÷250＝7（分）です。

演習 AさんとBさんが周囲2400mの公園の外周の同じ地点から、公園のまわりにそって反対方向に歩くとき、出会うのに8分かかりました。Aさんは分速220mでした。このときBさんの速さは分速何mでしょう。

答え Bさんの速さを分速 x m とします。速さ・時間・道のりの図に、道のりとして最初の2人の間隔2400m、速さ（分速）として2人の速さの和（220＋x）m、時間として8（分）を書きこみます。

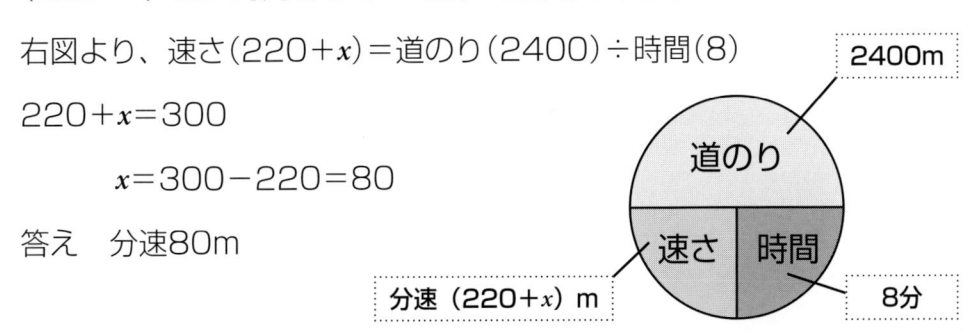

右図より、速さ（220＋x）＝道のり（2400）÷時間（8）

220＋x＝300

x＝300－220＝80

答え　分速80m

PART 9　平面図形

1　長方形・平行四辺形・台形の面積

> **ここがコツ！**
> 長方形の面積＝たて×よこ
> 平行四辺形の面積＝底辺×高さ
> 台形の面積＝（上底＋下底）×高さ÷2

▶ 公式を暗記しましょう

長方形の面積＝たて×よこ

例 右の長方形の面積を計算してください。

　　長方形の面積＝たて×よこ
　　　　　　　＝6×7＝42（cm²）

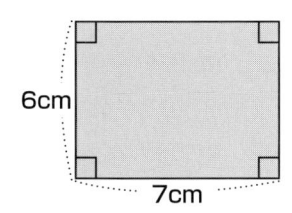

6cm
7cm

平行四辺形の面積＝底辺×高さ

例 右の平行四辺形の面積を求めてください。

　　平行四辺形の面積＝底辺×高さ
　　　　　　　　　＝10×7＝70（cm²）

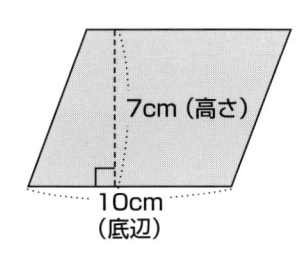

7cm（高さ）
10cm（底辺）

台形の面積＝（上底＋下底）×高さ÷2

例 右の台形（灰色の部分）の面積を求めてください。

　　台形の面積＝（上底＋下底）×高さ÷2
　　　　　　＝（10＋20）×18÷2＝270（cm²）

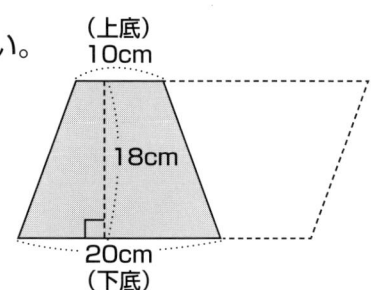

（上底）10cm
18cm
20cm（下底）

> 同じ台形をひっくり返してくっつけると、平行四辺形になります。この平行四辺形の面積の半分が台形の面積です。

演習① ①、②、③の面積を計算してください。

①長方形　　　　②平行四辺形　　　　③台形

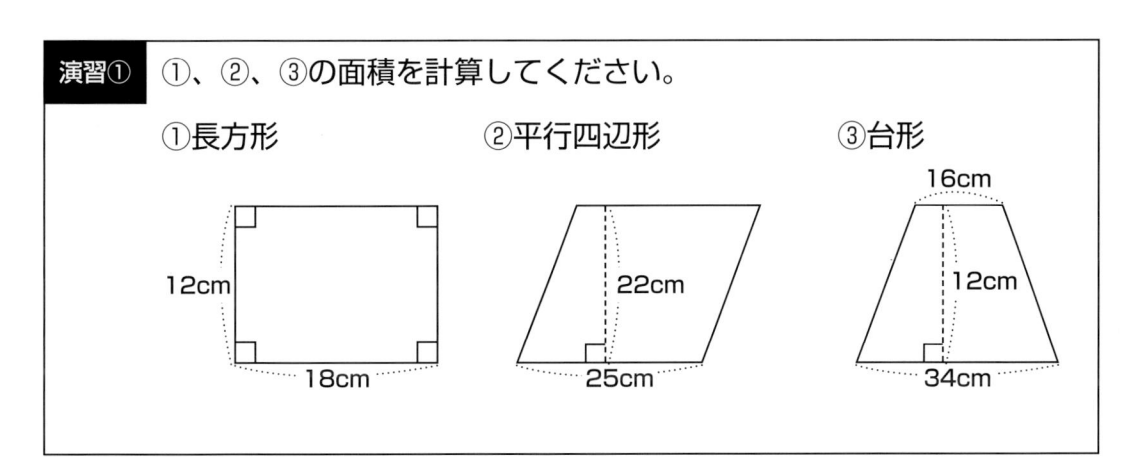

答　え　①長方形の面積＝たて×よこ＝12×18＝216（cm²）

②平行四辺形の面積＝底辺×高さ＝25×22＝550（cm²）

③台形の面積＝（上底＋下底）×高さ÷2
　　　　　　＝（16＋34）×12÷2＝300（cm²）

演習② ①、②の x を求めてください。

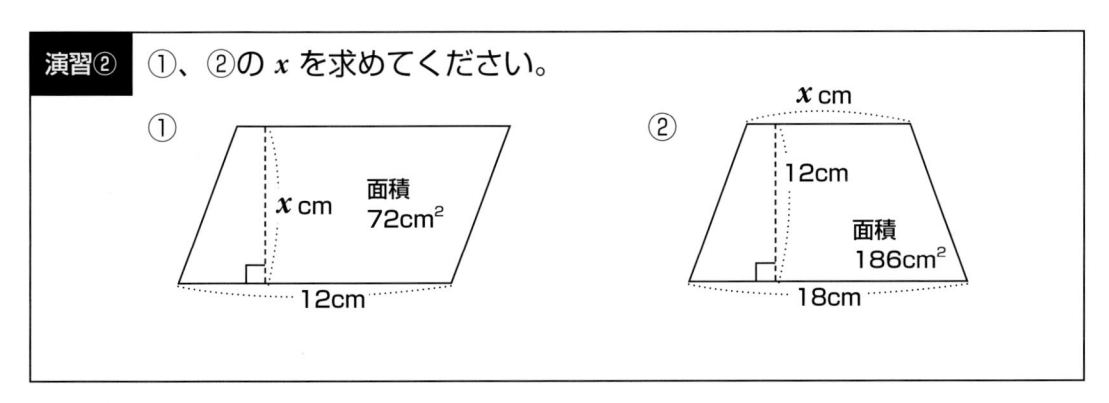

答　え　①平行四辺形の面積＝底辺×高さ＝12×x＝72

　　　x＝72÷12＝6……答え

②台形の面積＝（上底＋下底）×高さ÷2

　　　186＝（x＋18）×12÷2

　　　186＝（x＋18）×6

　　x＋18＝186÷6＝31

　　　　x＝31－18

　　　　　＝13……答え

PART 9 平面図形

2 三角形の面積

> **ここがコツ！** 三角形の面積＝底辺×高さ÷2

▶ 底辺と高さをよく理解しましょう

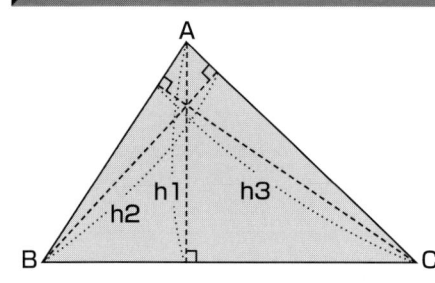

左図で底辺はどれですか？　と質問すると、辺BCですと多くの人が答えますが、そうとは限りません。底辺かどうかは、高さとの組みあわせで決まるからです。

h1が高さなら辺BCが底辺、h2が高さなら辺ACが底辺、h3が高さなら辺ABが底辺です。

△ABCの面積＝底辺×高さ÷2
　　　　　　＝BC×h1÷2＝AC×h2÷2＝AB×h3÷2

このように3通りに表せます。底辺と高さの組みあわせが3通りあることを、ここではっきりさせましょう。

▶ 面積の公式に慣れましょう

例 ①と②の三角形の面積を計算してください。

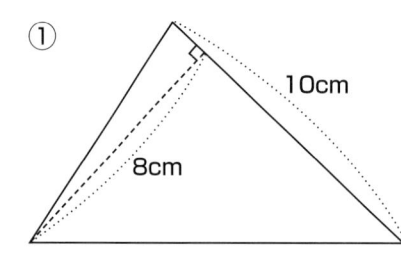

①

底辺×高さ÷2
＝10×8÷2
＝40（cm^2）……答え

② 底辺×高さ÷2
　　＝5.6×8.4÷2
　　＝23.52（cm²）……答え

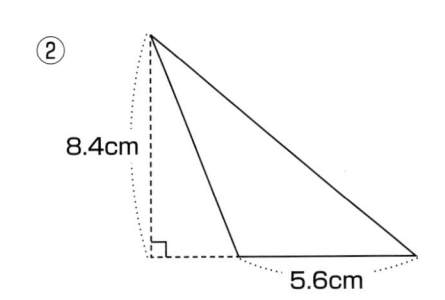

8.4cm
5.6cm

演習① ①、②の面積を計算してください。

① 4cm　3cm

② 12.4cm　10.6cm

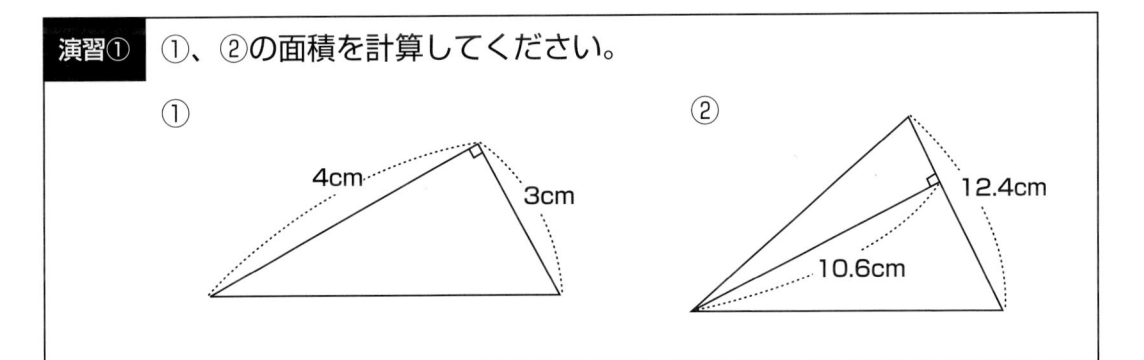

答え ①底辺×高さ÷2＝4×3÷2＝6（cm²）……答え

②底辺×高さ÷2＝12.4×10.6÷2＝65.72（cm²）……答え

演習② ①、②の x を求めてください。

① 面積 14.4cm²　4.8cm　$x$cm

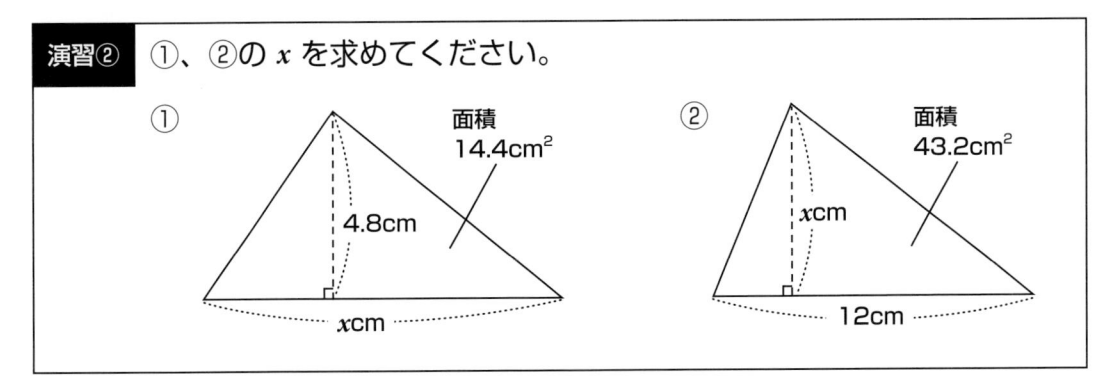

② 面積 43.2cm²　$x$cm　12cm

答え ①三角形の面積＝底辺×高さ÷2＝x×4.8÷2＝x×2.4

　　これが14.4だから、x×2.4＝14.4

　　x＝14.4÷2.4＝6……答え

②三角形の面積＝底辺×高さ÷2＝12×x÷2＝6×x

　　これが43.2だから、6×x＝43.2

　　x＝43.2÷6＝7.2……答え

3 円の面積と円周

> **ここがコツ!** 円の面積＝半径×半径×円周率
> 円周＝直径×円周率　円周率＝3.14

公式を覚えよう

例 半径が5cmの円の面積を求めてください。円周率を3.14とします。

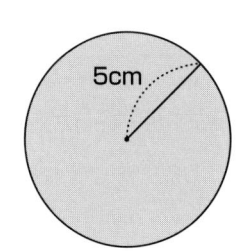

円の面積＝半径×半径×円周率
　　　　＝半径×半径×3.14
　　　　＝5×5×3.14＝78.5

答え　78.5cm²

例 直径が10cmの円の円周を求めてください。円周率を3.14とします。

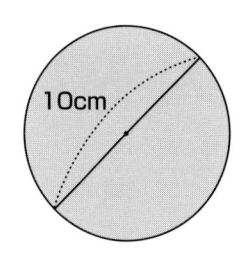

円周＝直径×円周率
　　＝10×3.14＝31.4

答え　31.4cm

例 半径が5cmの円の円周を求めてください。円周率を3.14とします。

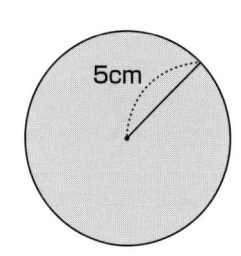

円周＝直径×円周率
　　＝半径×2×円周率
　　＝5×2×3.14＝31.4

答え　31.4cm

演習① ①の面積と②の円周を求めてください。

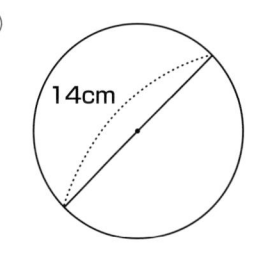

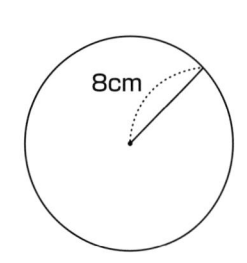

① 14cm

② 8cm

答え
①半径＝直径÷2＝14÷2＝7

円の面積＝半径×半径×円周率

　　　　＝7×7×3.14＝153.86（cm²）……答え

②円周＝直径×円周率＝8×2×3.14＝50.24（cm）……答え

演習② ①面積が113.04（cm²）の円の半径を求めてください。ただし円周率を3.14とします。

ヒント　半径を x（cm）として方程式をたててといてください。

②円周が37.68cmの円の直径を求めてください。ただし円周率を3.14とします。

ヒント　直径を x（cm）として方程式をたててといてください。

答え
①円の面積＝半径×半径×円周率＝$x×x$×3.14

これが113.04だから、

$x×x$×3.14＝113.04　　　$x×x$＝113.04÷3.14＝36

x＝6

　　　　　　　　　　　　　　　　　　　答え　6cm

②円周＝直径×円周率＝x×3.14＝37.68

x＝37.68÷3.14＝12

　　　　　　　　　　　　　　　　　　　答え　12cm

4 おうぎ形の面積と弧の長さ

> **ここがコツ！**
> おうぎ形の面積＝円の面積×$\dfrac{中心角}{360°}$
> 弧の長さ＝円周×$\dfrac{中心角}{360°}$

▶ 公式の意味を理解しましょう

下のおうぎ形の面積と弧の長さを考えましょう。

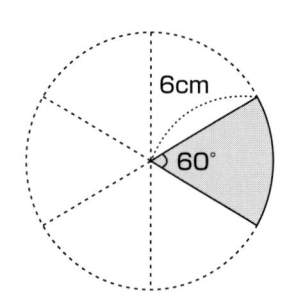

中心角は60°です。中心角60°が360°の$\dfrac{1}{6}$（60÷360＝$\dfrac{60}{360}$）なので、おうぎ形の面積は円の面積の$\dfrac{1}{6}$、弧の長さは円周の$\dfrac{1}{6}$になります。

おうぎ形の面積＝円の面積×$\dfrac{60}{360}$＝円の面積×$\dfrac{1}{6}$＝6×6×3.14×$\dfrac{1}{6}$

弧の長さ＝円周×$\dfrac{60}{360}$＝円周×$\dfrac{1}{6}$＝6×2×3.14×$\dfrac{1}{6}$で計算できます。

中心角が90°なら中心角90°が360°の$\dfrac{1}{4}$（90÷360＝$\dfrac{90}{360}$）なので、おうぎ形の面積は円の面積の$\dfrac{1}{4}$、弧の長さは円周の$\dfrac{1}{4}$になります。

そこで、おうぎ形の面積＝円の面積×$\dfrac{90}{360}$＝6×6×3.14×$\dfrac{1}{4}$、弧の長さ＝円周×$\dfrac{90}{360}$＝6×2×3.14×$\dfrac{1}{4}$で計算できます。

> おうぎ形の面積＝円の面積×$\dfrac{中心角}{360°}$
>
> 弧の長さ＝円周×$\dfrac{中心角}{360°}$

演習① 下のおうぎ形の面積と弧の長さを求めてください。

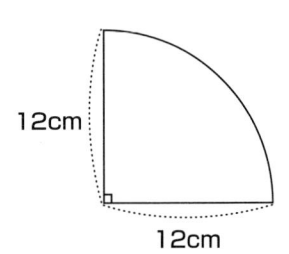

12cm
12cm

答え おうぎ形の面積＝円の面積×$\frac{90}{360}$＝円の面積×$\frac{1}{4}$
　　　　　　　　　　　＝12×12×3.14×$\frac{1}{4}$＝113.04　　　　　答え　113.04cm²

　　　　弧の長さ＝円周×$\frac{90}{360}$＝円周×$\frac{1}{4}$＝12×2×3.14×$\frac{1}{4}$＝18.84
　　　　　　　　　　　　　　　　　　　　　　　　　　　　答え　18.84cm

演習② ①、②の a、b を求めてください。ただし、円周率は3.14です。

① a cm　60°　弧の長さ 37.68cm

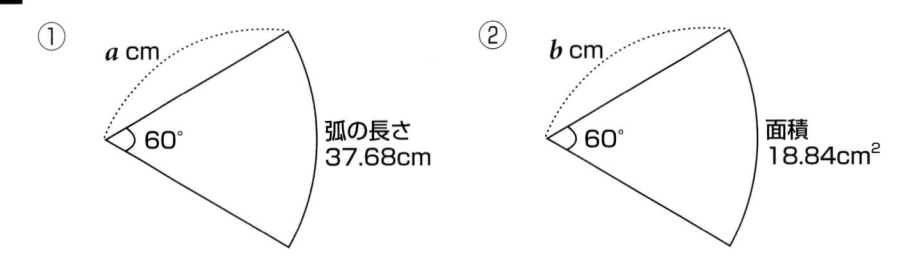

② b cm　60°　面積 18.84cm²

答え　①弧の長さ＝円周×$\frac{60}{360}$＝直径×3.14×$\frac{60}{360}$＝a×2×3.14×$\frac{60}{360}$
　　　　　　　　　＝a×6.28×$\frac{1}{6}$

　　　　これが37.68（cm）だから、a×6.28×$\frac{1}{6}$＝37.68

　　　　a＝37.68×6÷6.28＝36　　a＝36……答え

　　　　②おうぎ形の面積＝円の面積×$\frac{60}{360}$＝b×b×3.14×$\frac{60}{360}$
　　　　　　　　　　　　＝b×b×3.14×$\frac{1}{6}$

　　　　これが18.84（cm²）だから、b×b×3.14×$\frac{1}{6}$＝18.84

　　　　b×b＝18.84×6÷3.14＝36　　b＝6……答え

5 複雑な面積の求め方

ここがコツ！ いくつかに分けるか、全体からまわりをひく

いくつかに分けて面積を求める

複雑な図形の面積の求め方には2つの方法があります。「いくつかに分けて考える場合」と「全体からまわりをひく場合」です。最初に、「いくつかに分けて面積を求める場合」から解説しましょう。

例 下の四角形の面積を計算してください。

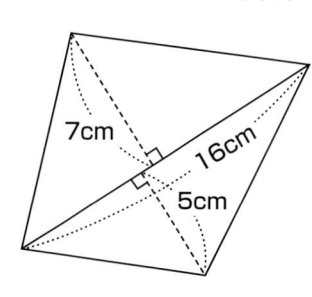

2つの三角形に分けることにより、

$16 \times 7 \div 2 + 16 \times 5 \div 2$

$= 56 + 40 = 96$ (cm^2) ……答え

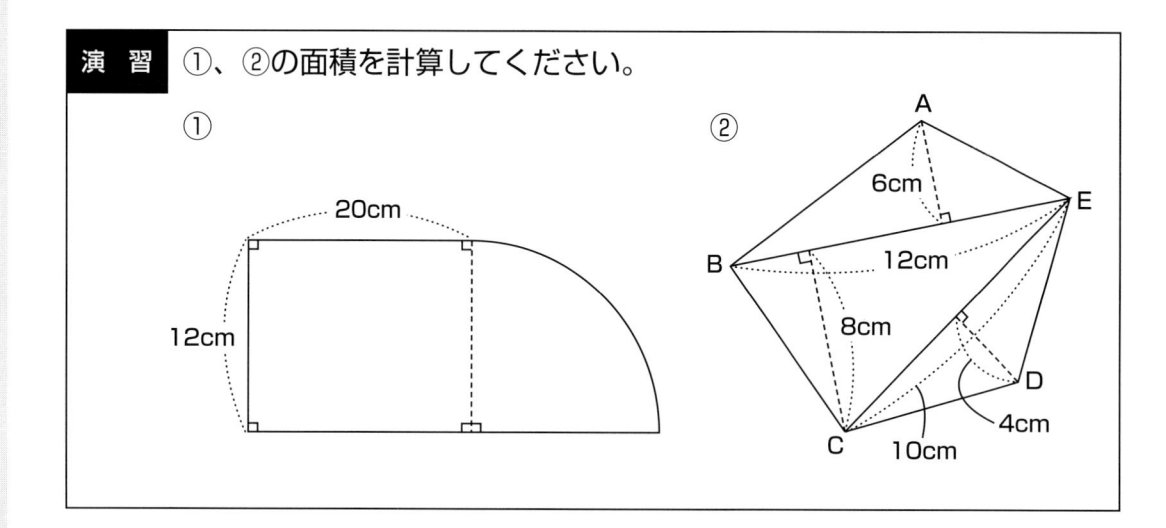

演習 ①、②の面積を計算してください。

答 え ① $12×20+12×12×3.14×\dfrac{90}{360}=240+12×12×3.14×\dfrac{1}{4}$

　　　　$=240+113.04=353.04$（cm²）……答え

　　②△ABE＋△BCE＋△CDE＝$12×6÷2+12×8÷2+10×4÷2$

　　　　$=36+48+20=104$（cm²）……答え

全体からまわりをひいて面積を求める

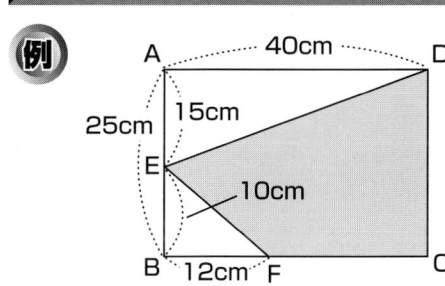

例 左図の四角形ABCDは長方形です。このとき、四角形DEFCの面積を計算してください。
長方形ABCDからまわり（三角形AEDと三角形EBF）をひいて求めます。

四角形DEFC＝長方形ABCD－　三角形AED－三角形EBF

　　　＝　　25×40－15×40÷2－12×10÷2

　　　＝　　　1000－　　　　300－　　　　60

　　＝640(cm²)　……答え

演習 ①、②の塗りつぶした部分の面積を求めてください。ただし円周率は3.14です。

①正方形－おうぎ形＝$6×6-6×6×3.14×\dfrac{90}{360}$

　　　　　　　　$=36-6×6×3.14×\dfrac{1}{4}=36-28.26$

　　　　　　　　$=7.74$（cm²）……答え

②正方形－平行四辺形＝$12×12-3×12=144-36$

　　　　　　　　　$=108$（cm²）……答え

6 三角形の合同

- ・3辺がそれぞれ等しい
- ・2辺とその間の角がそれぞれ等しい
- ・1辺とその両端の角がそれぞれ等しい

合同な図形とは

合同な図形とは下図のように、ぴったりと重ねあわせることができる図形です。当然、対応する辺の長さや角は等しくなります。特に、三角形の合同条件は重要です。図を参考にしながら覚えましょう。

①3辺がそれぞれ等しい　　　　②2辺とその間の角がそれぞれ等しい

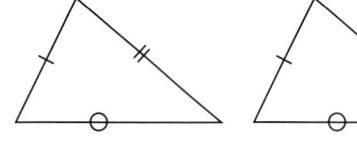

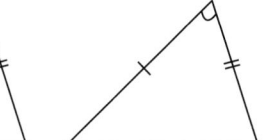

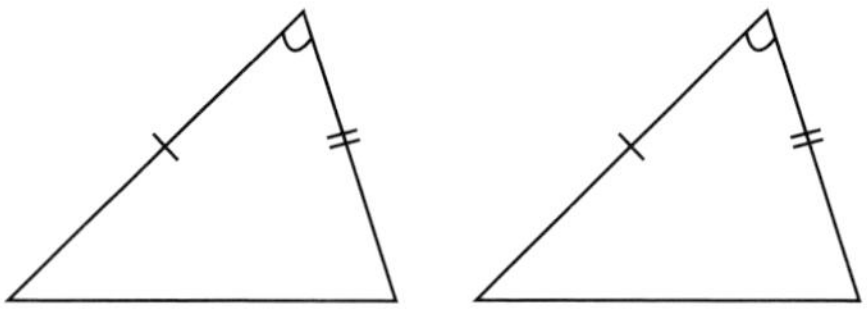

③1辺とその両端の角がそれぞれ等しい

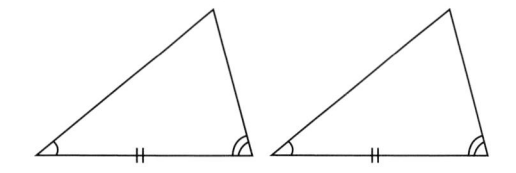

以下、演習で慣れましょう。

演習 （　）を埋めてください。

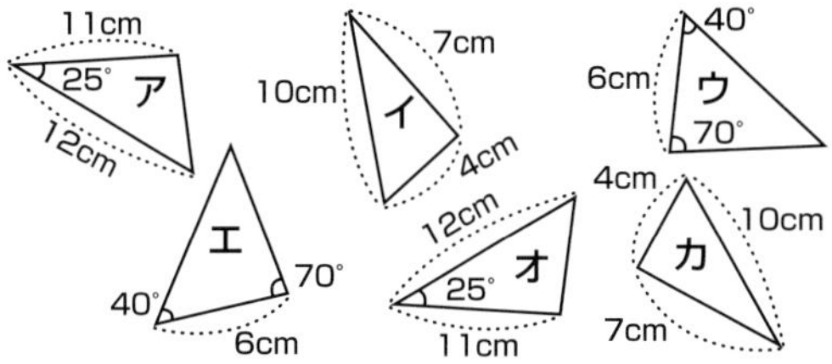

合同な三角形はアと（ オ ）、
　合同条件は（ 2辺とその間の角がそれぞれ等しい ）。

ウと（ エ ）、
　合同条件は（ 1辺とその両端の角がそれぞれ等しい ）。

イと（ カ ）、
　合同条件は（ 3辺がそれぞれ等しい ）。

答え 合同な三角形はアと（オ）、合同条件は（2辺とその間の角がそれぞれ等しい）。ウと（エ）、合同条件は（1辺とその両端の角がそれぞれ等しい）。イと（カ）、合同条件は（3辺がそれぞれ等しい）。

三角形の外角は隣にない2内角の和

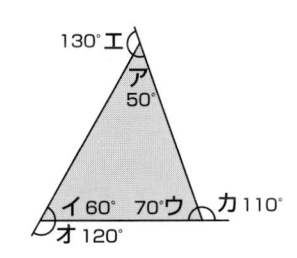

まず外角とは何かはっきりさせましょう。

内角ア＝50°の外角は角エ＝130°

内角イ＝60°の外角は角オ＝120°

内角ウ＝70°の外角は角カ＝110°　内角＋外角＝180°

さらに角エ（130°）＝角イ（60°）＋角ウ（70°）、角オ（120°）＝角ア（50°）＋角ウ（70°）、角カ（110°）＝角ア（50°）＋角イ（60°）のように、外角＝隣にない2内角の和になっています。

演習 ①、②の x を求めてください。

答え

① 外角は隣にない2内角の和より

$50+35=40+x$

これを解いて　$x=45$……答え

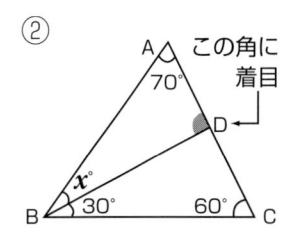

② 外角は隣にない2内角の和より $30+60=90$

△ABDの内角の和180°より

$70+x+90=180$

これを解いて　$x=20$……答え

7 拡大図と縮図

> **ここがコツ!** 対応する角の大きさはそれぞれ等しい
> 対応する辺の長さの比はすべて等しい

拡大図と縮図とは

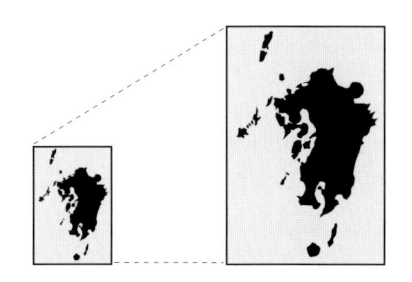

たとえば、私たちは、コピー機で図などを大きくひき伸ばします。このとき、大きくした図が、もとの図の拡大図、もとの図が大きくした図の縮図です。

拡大図と縮図の性質

拡大図と縮図は「おなじ形」ですから、当然対応する角の大きさはそれぞれ等しいです（下図では、角ア＝角エ、角イ＝角オ、角ウ＝角カ）。

また、対応する辺の長さの比はすべて等しいです（下図では、AB：DE＝2：3、BC：EF＝4：6＝2：3、CA：FD＝5：7.5＝2：3）。

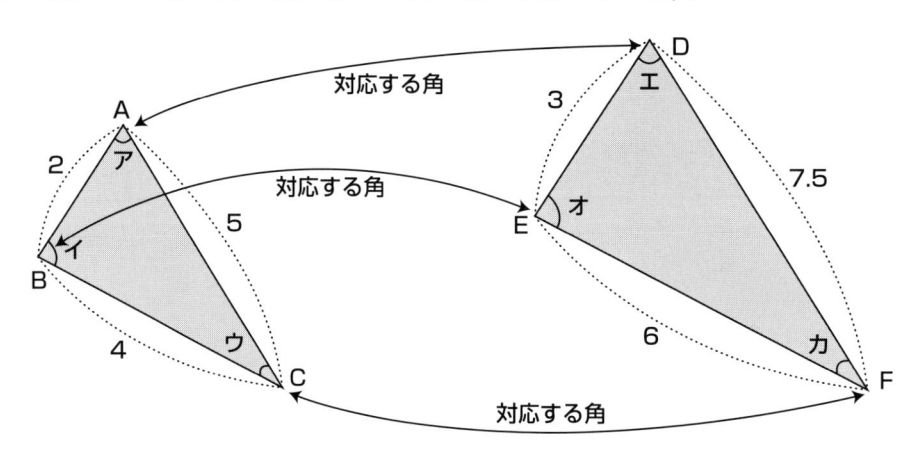

例

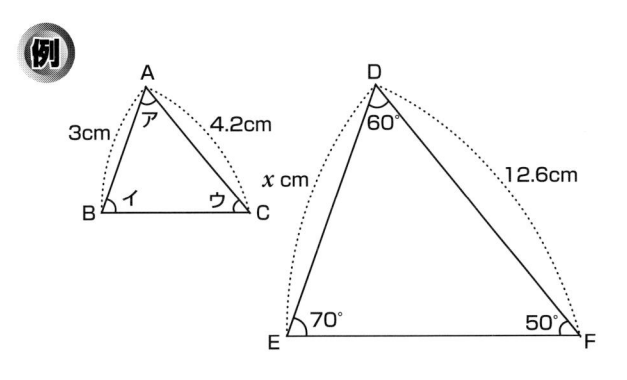

左の三角形ABCは、三角形DEFの縮図です。このとき、下記の問に答えてください。

①三角形ABCで70°になるのはどの角ですか。

②DEの長さは何cmですか。

①対応する角の大きさは等しいから、角イ。

②対応する辺の比は等しいから、AB：DE＝CA：FD。そこでDEの長さをx cmとすると、3：x＝4.2：12.6。

内項の積＝外項の積だから、4.2×x＝12.6×3

x＝12.6×3÷4.2＝9……答え　9cm

演習①　三角形DBEは三角形ABCを拡大した図形です。このとき次の問いに答えてください。

①角ウの大きさは何度ですか。

②DEの長さは何cmですか。

答え

①角ア＝180°－90°－40°＝50°＝角ウ……答え　50°

②対応する辺の比は等しいから、AB：DB＝AC：DE

　DEの長さをx（cm）とすると、12：18＝10：x

　内項の積＝外項の積だから、

　　10×18＝12×x

　　　180＝12×x

　　　　x＝180÷12＝15……答え　15cm

PART 9　平面図形

演習② 三角形ADEは三角形ABCの縮図です。このときDEは何cmですか。

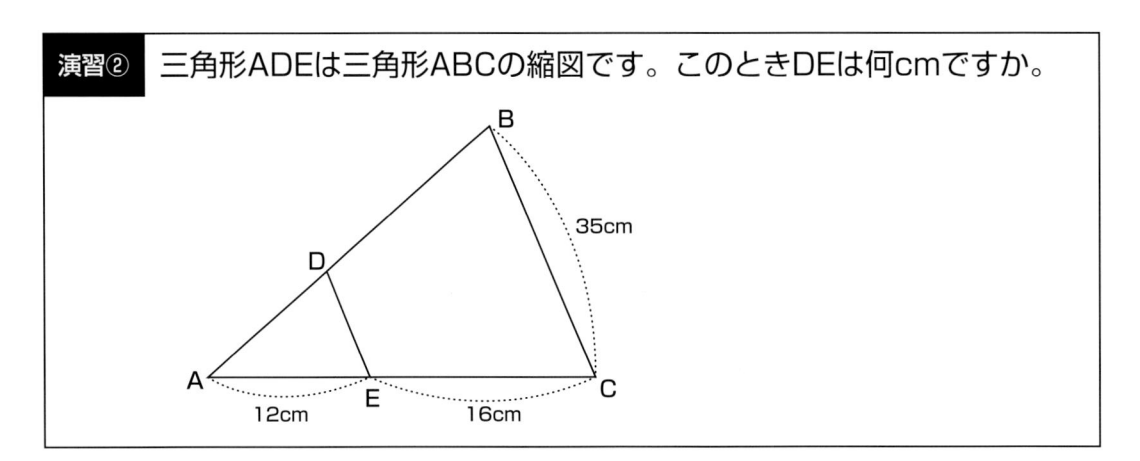

答え 対応する辺の比は等しいから、AE：AC＝DE：BC

DE＝x（cm）とすると、

12：28＝x：35

内項の積＝外項の積だから、

28×x＝12×35

x＝12×35÷28＝15……答え　15cm

AE：AC ＝ DE：BC

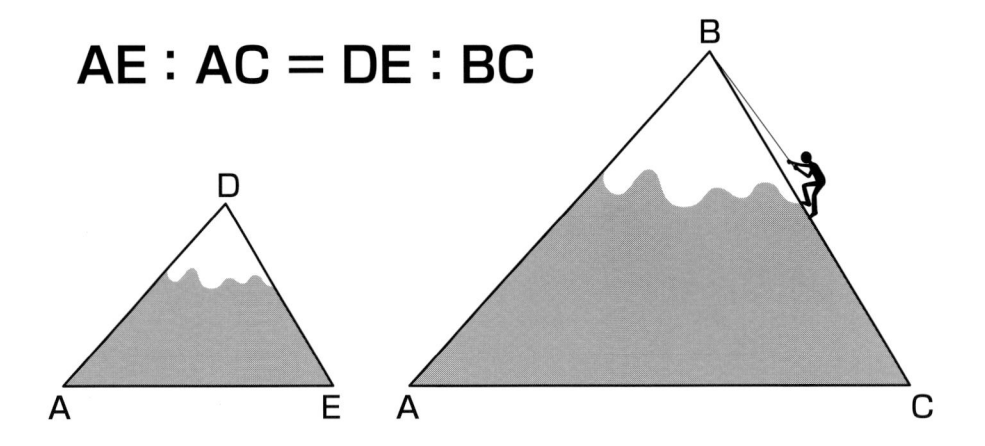

PART 10 立体図形

1 角柱・円柱の体積

> **ここがコツ！** 柱の体積＝底面積×高さ

公式を覚えよう

柱には角柱と円柱があり、その体積は、**底面積×高さ**で求められます。

例 次の三角柱と円柱の体積を求めてください。

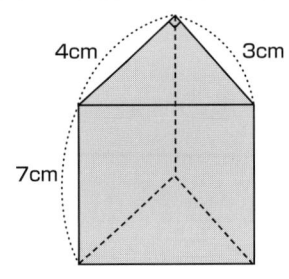

底面積＝4×3÷2＝6（cm²）
体積＝底面積×高さ
　　＝6×7＝42（cm³）

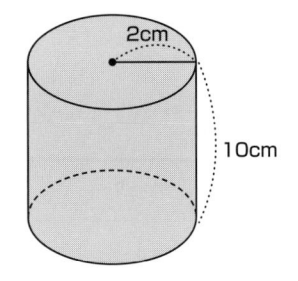

底面積＝2×2×3.14＝12.56（cm²）
体積＝底面積×高さ
　　＝12.56×10＝125.6（cm³）

直方体も立方体も角柱ですから、底面積×高さで体積が求められます。

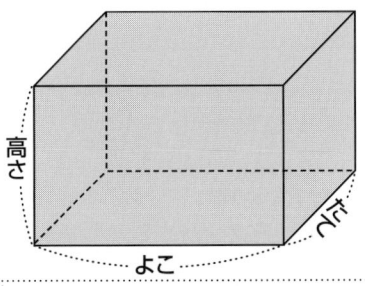

例

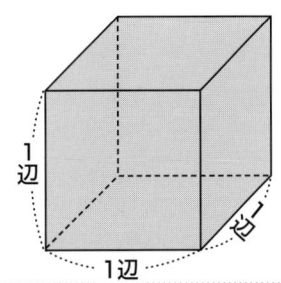

直方体の体積＝底面積×高さ
　　　　　　＝たて×よこ×高さ

立方体の体積＝底面積×高さ
　　　　　　＝1辺×1辺×1辺

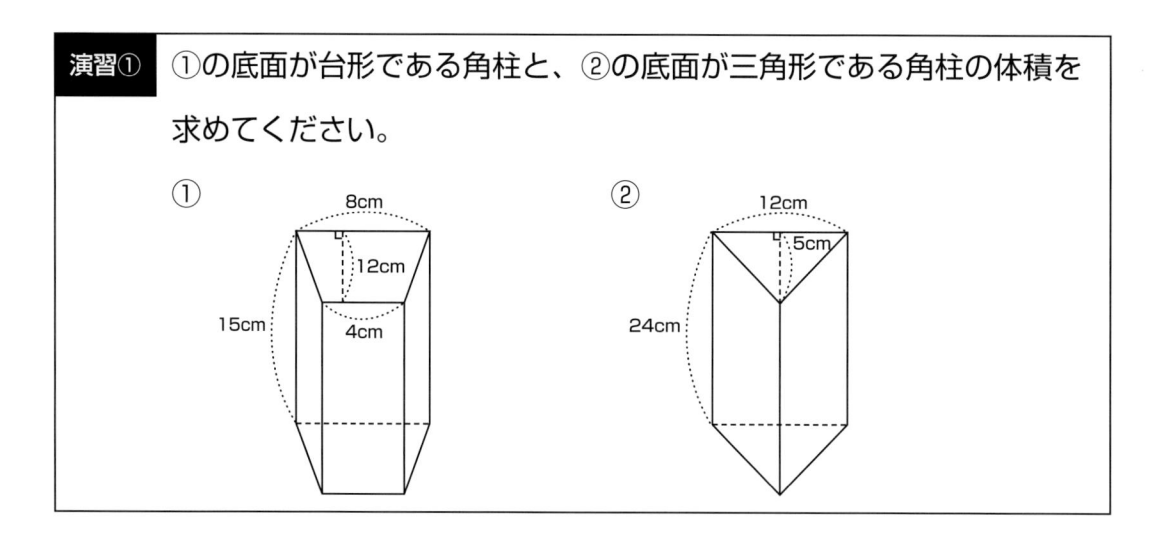

| 演習① | ①の底面が台形である角柱と、②の底面が三角形である角柱の体積を求めてください。 |

① 8cm / 12cm / 15cm / 4cm

② 12cm / 5cm / 24cm

| 答　え | ①底面積＝(上底＋下底)×高さ÷2 |

　　　　　　＝(8＋4)×12÷2＝72（cm²）

　　　体積＝底面積×高さ＝72×15＝1080（cm³）……答え

　②底面積＝底辺×高さ÷2

　　　　　　＝12×5÷2＝30（cm²）

　　　体積＝底面積×高さ＝30×24＝720（cm³）……答え

| 演習② | 体積が602.88（cm³）である右の円柱の高さを求めてください。円周率は3.14です。 |

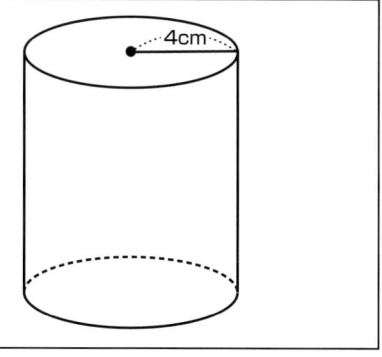

4cm

| 答　え | 底面積＝4×4×3.14＝50.24（cm²）、高さを x cmとすると、 |

　　　体積＝底面積×高さ＝50.24×x＝602.88（cm³）

　　　x＝602.88÷50.24＝12……答え　12cm

2 複雑な立体の体積の求め方

ここがコツ!
・いくつかに分ける
・全体からまわりをひく

いくつかに分けて体積を求める

複雑な立体の体積の求め方には、2つの方法があります。「いくつかに分ける」と「全体からまわりをひく」です。まず「いくつかに分ける」からやってみましょう。

例 下の左の図形の体積を求めてください。

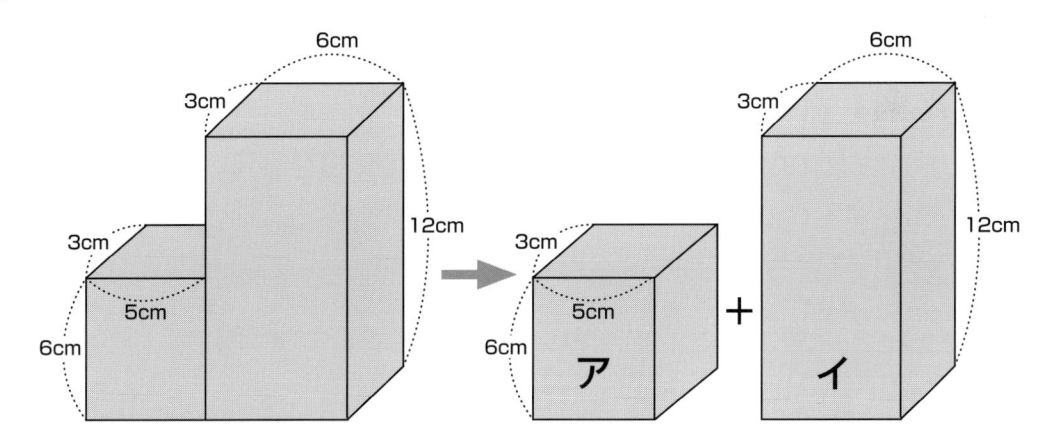

直方体アとイに分けて考えます。

アの体積＝底面積×高さ＝3×5×6＝90

イの体積＝底面積×高さ＝3×6×12＝216

求める体積＝アの体積＋イの体積＝90＋216＝306（cm^3）

これがいくつかに分けて考えるやり方です。

| 演　習 | 下の立体の体積を求めてください。円周率は3.14です。 |

| 答　え | 上の円柱の体積＝底面積×高さ＝（2×2×3.14）×4＝50.24

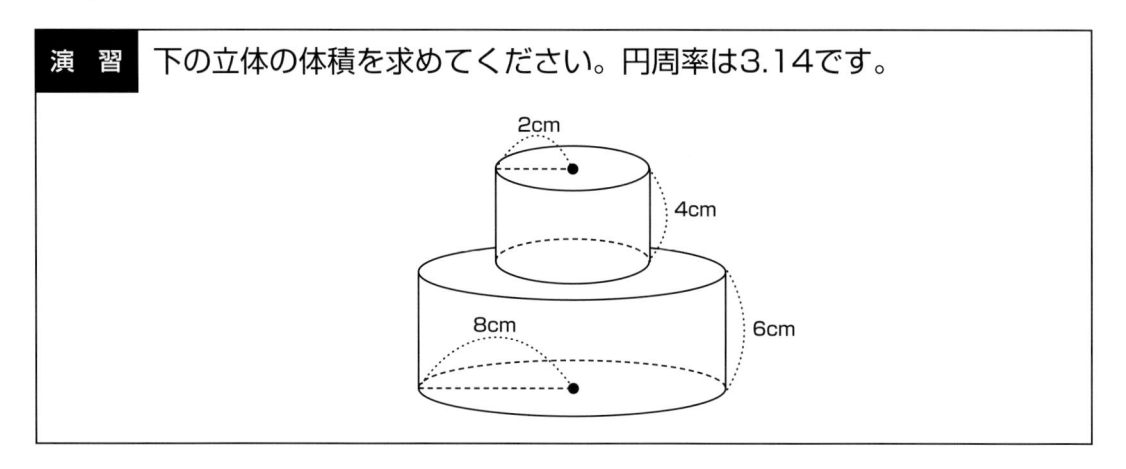

下の円柱の体積＝底面積×高さ＝（8×8×3.14）×6＝1205.76

求める体積＝50.24＋1205.76＝1256……答え　1256cm³

※**要領よく計算すると……**

　　　（2×2×3.14）×4＋（8×8×3.14）×6

　　＝3.14×（2×2×4＋8×8×6）＝3.14×（16＋384）

　　＝3.14×400＝1256

全体からまわりをひいて体積を求める

例　下の左図の角柱をくりぬいた外側の角柱の体積を計算してください。

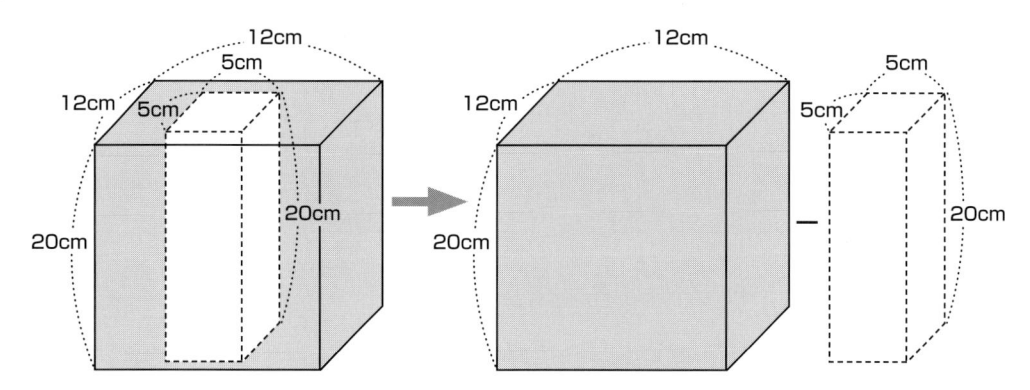

全体（外側の角柱）から、まわり（くりぬいた角柱）をひきます。

12×12×20－5×5×20＝2880－500＝2380（cm³）

これが全体からまわりをひくやり方です。

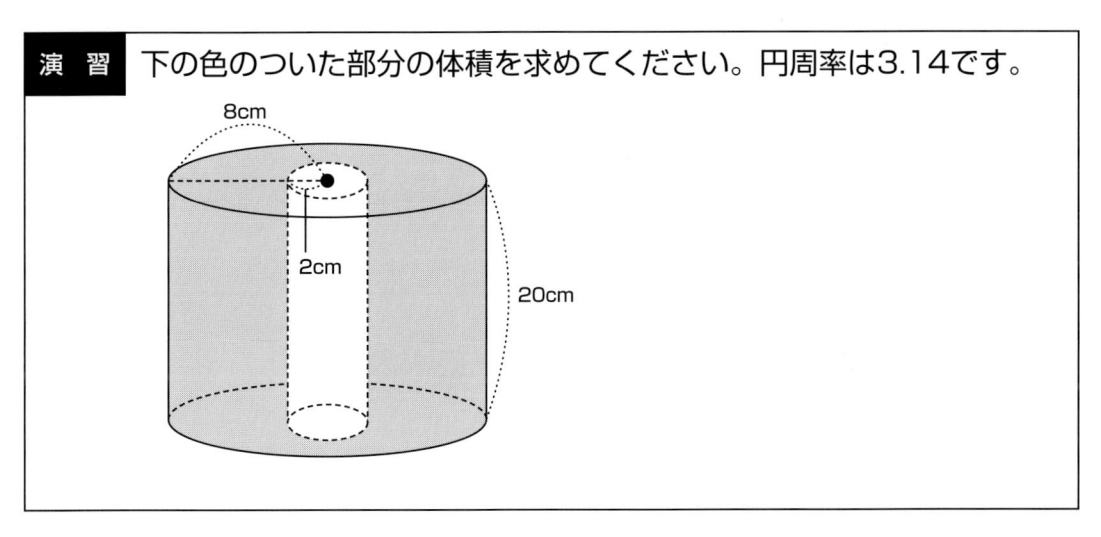

| 演 習 | 下の色のついた部分の体積を求めてください。円周率は3.14です。 |

| 答 え |

(8×8×3.14)×20−(2×2×3.14)×20

=4019.2−251.2=3768

答え　3768cm³

※要領よく計算すると……

　(8×8×3.14)×20−(2×2×3.14)×20

　=3.14×20×(8×8−2×2)

　=3.14×20×(64−4)

　=3.14×20×60=3768

3 見取図・展開図と表面積・最短距離

ここがコツ！ 表面積と最短距離は展開図で

見取図と展開図

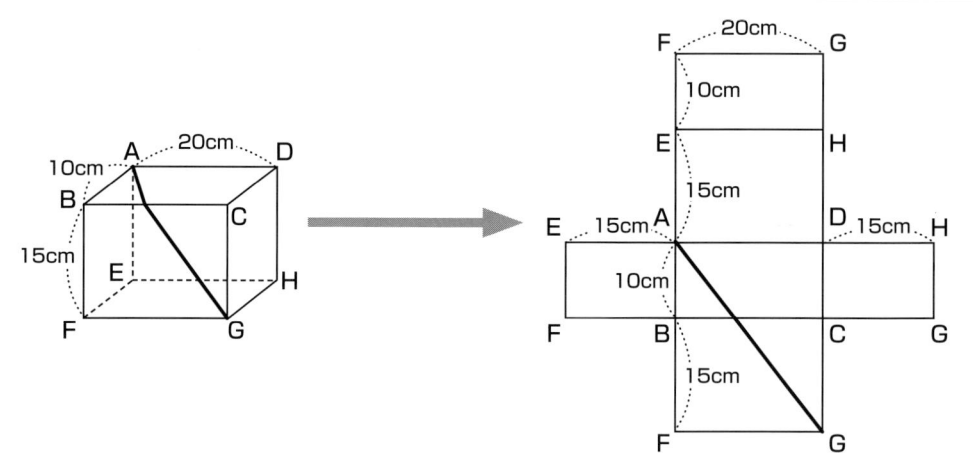

立体のようすがひと目でわかるようにかいた、左のような図を見取図といいます。そして、立体の辺を切り開いて1枚の紙になるようにかいた右図を展開図といいます。表面積は、右図より、20×(10+15+10+15)+10×15+10×15＝20×50+150+150＝1300（cm²）と計算できます。

頂点Aから頂点Gまで、辺BCをよこ切って行くときの最短コースは、展開図で頂点Aから頂点Gにひいた線分になります。

このように、立体の表面積や最短距離は展開図でかんがえるとよくわかります。

演習① 左の直方体ABCD－EFGH（見取り図）の右が展開図です。直方体の頂点Hから頂点Bまで、辺CGをよこ切る最短コースを展開図に書き入れてください。

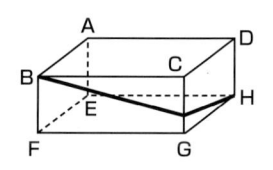

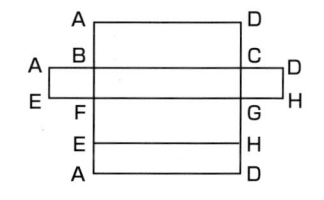

答え

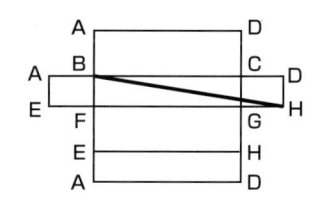

演習② 下の展開図を組み立てた立体の体積を求めてください。

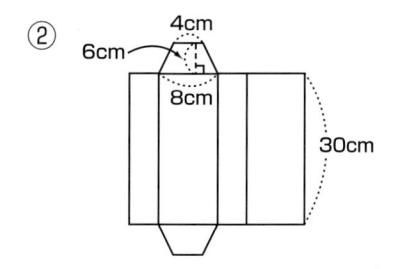

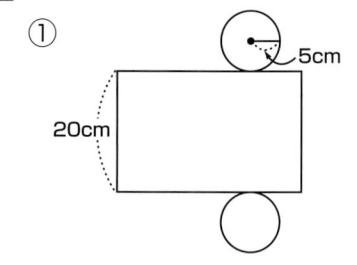

答え

① 底面積×高さ
= 5×5×3.14×20
= 1570
答え　1570cm³

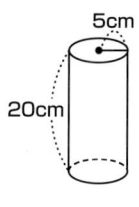

② 底面積×高さ
=（4+8）×6÷2×30
= 12×6÷2×30 = 1080
答え　1080cm³

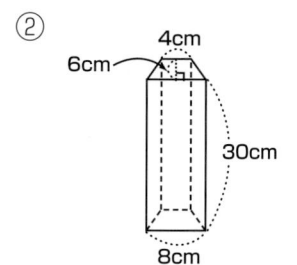

PART 11 比例・反比例

1 比例

> **ここがコツ!** $y=a\times x$ とおく

2つの量が比例するとき、$y=a\times x$ とおく

たとえば、1枚80円の切手の枚数と代金の関係は、下表のようになります。この表より、一方（枚数）が2倍、3倍……となれば、もう一方（値段）も2倍、3倍……となります。これを「比例」といいます。

枚数（枚）	1	2	3	4	5
値段（円）	80	160	240	320	400

「代金＝80×枚数」になっていますから、代金を y、枚数を x とすると、$y=80\times x$ です。

もう一つみてみましょう。時速30kmで進む自動車の走った時間と道のりの関係です。1時間で30km、2時間で2倍の60km、3時間で3倍の90km……のように、一方（時間）が2倍、3倍……となれば、もう一方（道のり）も2倍、3倍……となります。30＝30×1、60＝30×2、90＝30×3……ですから、「道のり＝30×時間」になっています。

道のりを y、時間を x とすると、$y=30\times x$ です。

以上のように、ともなってかわる量 x と y が比例するとき、$y=80\times x$ のような式になります。数字の部分はそのつどかわりますから、これを a（決まった数）で表すと、$y=a\times x$ となります。そこで2つの量が比例するとき、反射的に $y=a\times x$ とおくことが、比例の問題を解くポイントになります。

▶ 比例の問題を解く

例 車が走った道のりと消費するガソリンの量は比例します。3ℓで15km進むとき、以下の問いに答えてください。

①ガソリンの量を x（ℓ）、走行距離を y（km）とするとき、x と y の関係を式に表してください。

②75km走るのに必要なガソリンは何ℓですか。

① x と y は比例するから、$y = a \times x$ とおきます。

3ℓで15kmだから、$x = 3$ のとき $y = 15$。

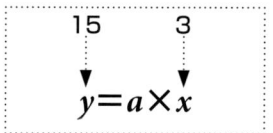

これを、$y = a \times x$ に代入します。

$15 = a \times 3$　　$a = 15 \div 3$　　$a = 5$

これを、$y = a \times x$ に代入して、$y = 5 \times x$ ……答え

```
    15    3
    ↓     ↓
   y = a × x
```

② $y = 75$ を $y = 5 \times x$ に代入します。

$75 = 5 \times x$　　$x = 75 \div 5 = 15$……答え　15ℓ

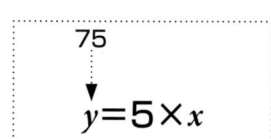

```
      75
      ↓
   y = 5 × x
```

演習 5枚で60gのメダルがあります。メダルの枚数と重さが比例するとき、このメダル156gは何枚でしょう。

答え メダルの枚数を x 枚、これに対応する重さを y gとします。x と y は比例するから、$y = a \times x$ とおきます。

$x = 5$ のとき $y = 60$。これを $y = a \times x$ に代入します。

$60 = a \times 5$　　$a = 60 \div 5 = 12$

これを $y = a \times x$ に代入して、$y = 12 \times x$。この式に $y = 156$ を代入して、

$156 = 12 \times x$

$x = 156 \div 12 = 13$

答え　13枚

PART 11 比例・反比例

2 反比例

> **ここがコツ！** $y=a\div x$ とおく

▶ 2つの量が反比例するとき、$y=a\div x$ とおく

たとえば、24個のアメを何人かで分けるときの人数と1人分の個数の関係は、下表のようになります。

人数（人）	1	2	3	4
1人分の個数（個）	24	12	8	6

この表より、一方（人数）が2倍、3倍、4倍……となれば、もう一方（1人分の個数）は $\frac{1}{2}$、$\frac{1}{3}$、$\frac{1}{4}$……となります。これを「反比例」といいます。

「1人分の個数＝24÷人数」になっていますから、1人分の個数を y、人数を x とすると、$y=24\div x$ です。

30個のアメを分ける場合なら、$y=30\div x$。

60個のアメなら $y=60\div x$ です。

数字の部分はそのつどかわりますから、これを a（決まった数）で表すと、ともなってかわる量 y が x に反比例するとき、$y=a\div x$ と表せます。

そこで2つの量が反比例するとき、反射的に $y=a\div x$ とおくことが、反比例の問題を解くポイントになります。

▶ 反比例の問題を解く

例 風呂に水を入れるとき、風呂がいっぱいになるまでの時間 y 分は、1分間に入れる水の量 x ℓ に反比例します。1分間に600ℓ入れると20分でいっぱいになるとき、以下の問いに答えてください。

① x と y の関係を式に表してください。

② 1分間に240ℓ入れるとき、いっぱいになるまで何分かかりますか。

① x と y は反比例するから、$y = a \div x$ とおきます。1分間に600ℓずつ入れると20分だから、$x = 600$ のとき $y = 20$。これを $y = a \div x$ に代入します。

$20 = a \div 600 \quad a = 20 \times 600 \quad a = 12000$

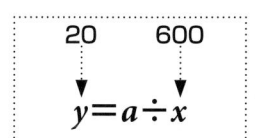

これを $y = a \div x$ に代入して $y = 12000 \div x$ ……答え

$$\underset{\underset{y = a \div x}{\uparrow \qquad \uparrow}}{20 \qquad 600}$$

② $x = 240$ を $y = 12000 \div x$ に代入します。

$y = 12000 \div 240 \quad y = 50$ ……答え 50分

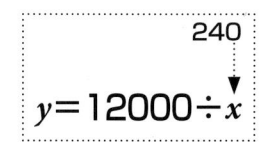

$$\underset{y = 12000 \div x}{\overset{240}{\downarrow}}$$

演習 畑を耕すとき、1日あたりのはたらく人数と耕し終わるまでの日数は反比例します。1日あたり4人はたらくと36日かかる畑について、以下の問いに答えてください。

① 1日あたり x 人のとき y 日かかるとして、x と y の関係を式に表してください。

② 耕すのに6日かかったとき、1日あたりの人数を求めてください。

答え ① x と y は反比例するから $y = a \div x$ とおきます。

$x = 4$ のとき $y = 36$ これを $y = a \div x$ に代入します。

$36 = a \div 4 \quad a = 36 \times 4 = 144$

これを $y = a \div x$ に代入して、$y = 144 \div x$ ……答え

② 上式に $y = 6$ を代入します。

$6 = 144 \div x \quad x = 144 \div 6 = 24$ ……答え 24人

3 比例・反比例のグラフの書き方と読み方

ここがコツ! グラフは点で書き、点で読む

グラフは点で書く

まず、比例のグラフを書いてみましょう。

例 $y=3\times x$ のグラフ

$x=1$のとき$y=3$なので、グラフの点Oからx軸を右に1つ、そこからy軸を上に3つ進んだところに点Aをとります。同様に、$x=2$のとき$y=6$なので、グラフの点Oからx軸を右に2つ、y軸を上に6つ進んだところに点Bをとります。

このようにして点A、Bをとり、それをむすべば、右のように$y=3\times x$のグラフが書けます。

比例のグラフはこのように点Oを通る直線です。

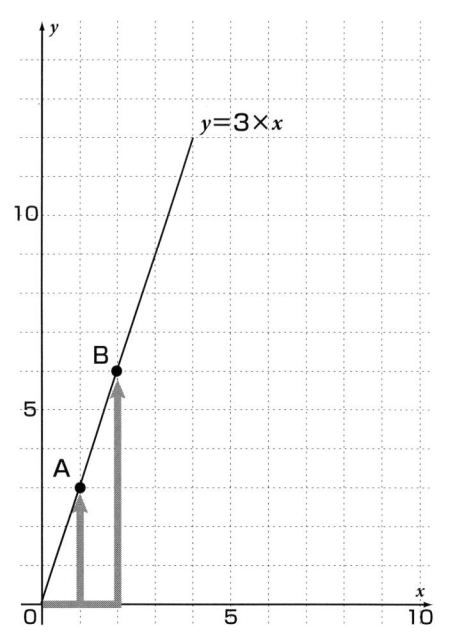

こんどは、反比例のグラフを書いてみましょう。

例 $y=8\div x$ のグラフ

$x=1$のとき $y=8$ なので、グラフの点0から x 軸を右に1つ、y 軸を上に8つ進んだところに点Aをとります。

$x=2$のとき $y=4$なので、グラフの点0から x 軸を右に2つ、y 軸を上に4つ進んだところに点Bをとります。

以下、同じやり方で、C点、D点をとってそれをむすべば、右のように$y=8\div x$のグラフが書けます。

反比例のグラフは右のような曲線です。

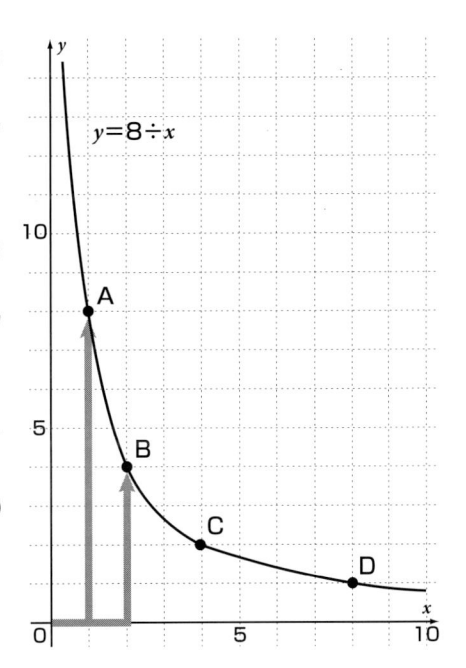

グラフは点で読む

つぎに、比例のグラフを読んでみましょう。

例 右の比例のグラフを読んで、x と y の関係を式に表してください。

比例のグラフだから、$y=a\times x$とおきます。グラフより、$x=1$のとき $y=2$です。

これを $y=a\times x$ に代入して、

$2=a\times 1$

$a=2$

これを $y=a\times x$ に代入して、

$y=2\times x$ ……答え

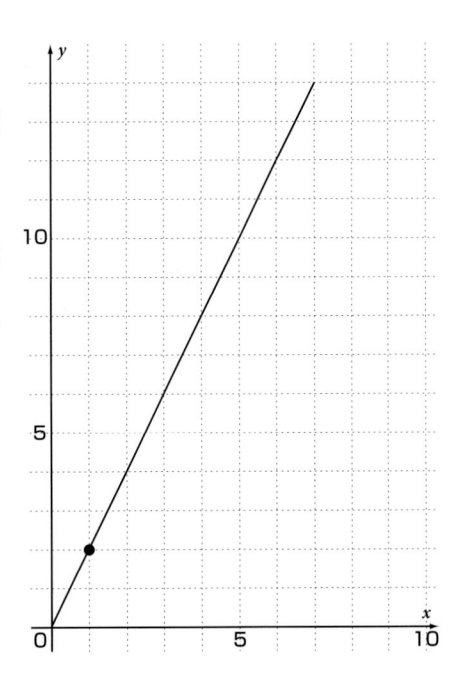

「グラフを読む」とは、このようにしてグラフの式を求めることです。

演習 下の反比例のグラフの式を（　　　）を埋めて求めてください。

反比例のグラフだから $y=$（　　　）とおきます。

グラフより、

$x=2$ のとき $y=$（　　）です。

これを $y=$（　　　）に代入して、

（　　　　　　）

これを計算して $a=$（　　　）

これを $y=$（　　　）に代入して

$y=$（　　　）……答え

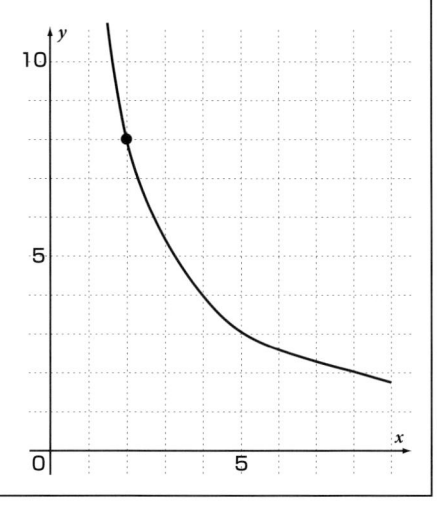

答　え 反比例のグラフだから $y=(\,a \div x\,)$ とおきます。

グラフより、

$x=2$ のとき $y=(\,8\,)$ です。

これを $y=(\,a \div x\,)$ に代入して、

$(\,8=a \div 2\,)$

これを計算して $a=2 \times 8=(16)$

これを $y=(\,a \div x\,)$ に代入して

$y=(16 \div x)$ ……答え

PART 12 場合の数

1 ならべ方の問題

ここがコツ！ 樹形図をかく

▶（山田　田中）と（田中　山田）は違うとみなすならべ方

例 山田くん、田中くん、橋本くんの3人から、2人を選んで、ならばせる「ならべ方」は何通りありますか。

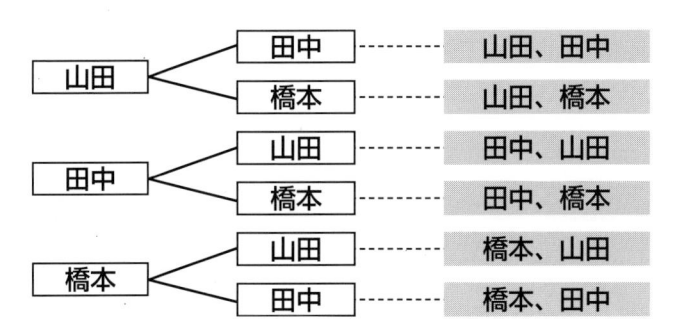

```
         ┌─ 田中 ┄┄ 山田、田中
  山田 ─┤
         └─ 橋本 ┄┄ 山田、橋本

         ┌─ 山田 ┄┄ 田中、山田
  田中 ─┤
         └─ 橋本 ┄┄ 田中、橋本

         ┌─ 山田 ┄┄ 橋本、山田
  橋本 ─┤
         └─ 田中 ┄┄ 橋本、田中
```
……答え　6通り

ならべ方の数（6通り）は上のような枝分かれする図（樹形図）をかけば、かんたんに数えることができます。もう一つやってみましょう。

例 ①、②、③の3枚のカードで3けたの整数を作ると、整数は何個できますか。

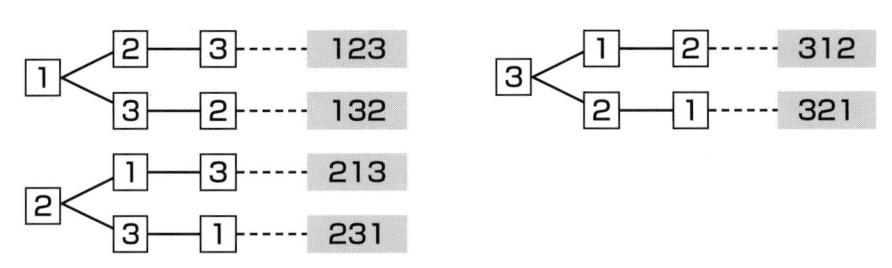

```
      ┌─ 2 ─ 3 ┄┄ 123          ┌─ 1 ─ 2 ┄┄ 312
  1 ─┤                      3 ─┤
      └─ 3 ─ 2 ┄┄ 132          └─ 2 ─ 1 ┄┄ 321

      ┌─ 1 ─ 3 ┄┄ 213
  2 ─┤
      └─ 3 ─ 1 ┄┄ 231
```

樹形図より6通りですが、先頭が1の場合だけ、図を書いてかぞえて2通り。

先頭が2、3の場合も同じだから、全体では2×3＝6通り。

演習① ①、②、③、④の4枚のカードで、4けたの整数をつくると、整数は何個できますか。

答え

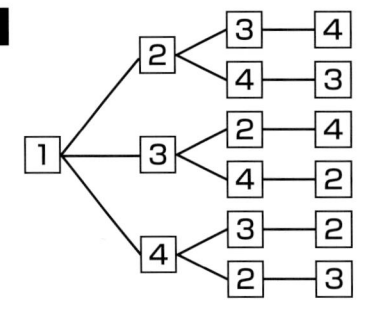

千の位の数が1の場合が6通り。千の位の数が2、3、4の場合も同様だから、全部で6×4＝24……答え　24通り

> 水路の分岐をイメージしてください。
> 水路が3つに枝分かれして、それがさらに2つに枝分かれすると、3×2＝6通りの流れ（＝ならべ方）ができます。
> 樹形図で何通りのならべ方ができるかは、この枝分かれのイメージでかんたんに計算できます。

演習② A、B、C、D、Eの5人がリレー走者に選ばれました。この5人の走る順番は何通りありますか。

答え　第1走者がAの場合の樹形図をイメージしましょう。4通りに枝分かれして、さらに3通りに枝分かれして、さらに2通りに枝分かれするから、水路のイメージから、4×3×2×1＝24通りです。

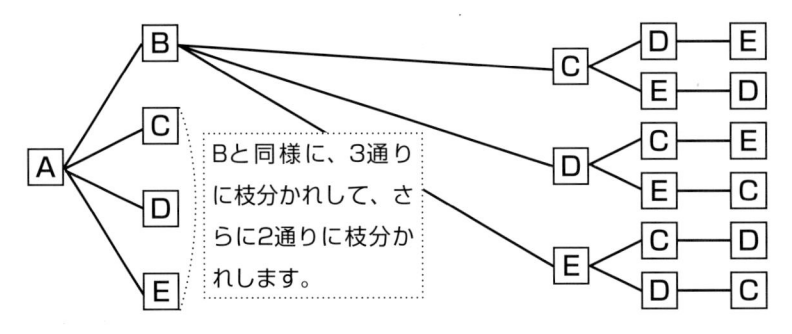

> Bと同様に、3通りに枝分かれして、さらに2通りに枝分かれします。

第1走者がB、C、D、Eの場合も同様なので、24×5＝120

答え　120通り

2 組みあわせ方の問題

> **ここがコツ！** たくさん選ぶ場合は、選ばれないほうを考える

（aとb）と（bとa）は同じとみなすならべ方

例 ａ、ｂ、ｃ、ｄの4枚のカードから2枚取り出す取り出し方（＝4枚のカードから2枚取り出す組みあわせ方）は何通りでしょう。

まずａに着目すると、（ａとｂ）（ａとｃ）（ａとｄ）の3通り。

つぎにｂに着目します（ｂとａ）は（ａとｂ）と同じなので数えません。（ｂとｃ）（ｂとｄ）の2通りです。

つぎにｃに着目します。（ｃとａ）は（ａとｃ）と同じ、（ｃとｂ）は（ｂとｃ）と同じなので数えません。（ｃとｄ）の1通りです。

最後にdについてです。（ｄとａ）は（ａとｄ）と同じ、（ｄとｂ）は（ｂとｄ）と同じ、（ｄとｃ）は（ｃとｄ）と同じなので数えません。

結局（ａとｂ）（ａとｃ）（ａとｄ）（ｂとｃ）（ｂとｄ）（ｃとｄ）の6通りです。このような要領で数えます。

例 ａ、ｂ、ｃ、ｄの4枚のカードから3枚取り出す取り出し方（＝4枚のカードから3枚取り出す組みあわせ方）は何通りでしょう。

前の例のやり方でもいいのですが、「4枚から3枚選ぶ」＝「4枚のうち1枚を選ばない」と考えて、選ばない1枚に着目するとかんたんです。

⬛a⬛を選ばない ＝(⬛b⬛、⬛c⬛、⬛d⬛) を選ぶ。

⬛b⬛を選ばない ＝(⬛a⬛、⬛c⬛、⬛d⬛) を選ぶ。

⬛c⬛を選ばない ＝(⬛a⬛、⬛b⬛、⬛d⬛) を選ぶ。

⬛d⬛を選ばない ＝(⬛a⬛、⬛b⬛、⬛c⬛) を選ぶ。

こちらを数えることで、かんたんに4通りが求められます。

「組みあわせ方が何通りありますか？」という問題については、順序よく、いわれるままに数えていってもよいのですが、選ぶ場合が多い場合には、選ばれないほうに着目するほうがかんたんです。

演習① a、b、c、d、e、fの6人の中から、5人を選びたいとき、その選び方（6人から5人を選ぶ組みあわせ方）は何通りでしょう。

答え これは、選ぶ場合が多いので、選ばれないほうに着目するほうがかんたんです。「6人から5人選ぶ」＝「6人のうち1人を選ばない」と発想の転換をして、選ばれない1人に着目します。そうすると、

(aを選ばない)(bを選ばない)

(cを選ばない)(dを選ばない)

(eを選ばない)(fを選ばない)

以上、6通りです。

答え　6通り

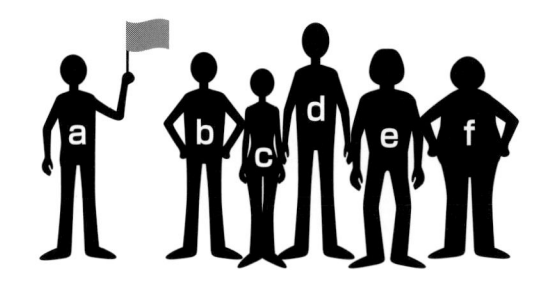

6人から5人を選ぶ
↓
6人のうち1人を選ばない

| 演習② | ①、②、③、④、⑤、⑥の6枚のカードから2枚取り出す取り出し方（6枚のカードから2枚取り出す組みあわせ方）は何通りでしょう。
また、同じ6枚のカードから4枚取り出す取り出し方（6枚のカードから4枚取り出す組みあわせ方）は何通りでしょう。 |

答え 6枚のカードから2枚取り出す取り出し方は順序よく、いわれるままにやっていきましょう。

(①、②) (①、③) (①、④) (①、⑤) (①、⑥)

(②、③) (②、④) (②、⑤) (②、⑥)

(③、④) (③、⑤) (③、⑥)

(④、⑤) (④、⑥)

(⑤、⑥)

以上、15通りです。

6枚のカードから4枚取り出す取り出し方については、選ぶ場合が多いので、選ばれないほうに着目するほうがかんたんです。「6枚から4枚選ぶ」＝「6枚のうち2枚を選ばない」と考えて、選ばれない2枚に着目します。そうすると、6枚から（選ばれない）2枚を選ぶわけですから、これは前半で数え上げた15通りになります。

答え　ともに15通り

学習MEMO

学習MEMO

著者略歴

間地 秀三（まじ・しゅうぞう）

1950年生まれ。長年にわたり小学・中学・高校生に数学の個人指導を行なう。その経験から生み出された、短時間でかんたんにわかる数学・算数のマスター法を数学書として発表、好評を博する。
主な著書に、『小学6年分の算数の解き方』（明日香出版社）など多数。

装幀●一瀬錠二（Art of NOISE）
装画●霧生さなえ
本文イラスト●朝日メディアインターナショナル株式会社
制作協力●株式会社ワード

小学校6年間の算数が6時間でわかる本

2009年6月5日　第1版第1刷発行
2012年9月3日　第1版第35刷発行

著　者	間地秀三
発行者	小林成彦
発行所	株式会社PHP研究所

東京本部　〒102-8331　千代田区一番町21
　　　　　生活文化出版部　☎03-3239-6227（編集）
　　　　　　　　普及一部　☎03-3239-6233（販売）
京都本部　〒601-8411　京都市南区西九条北ノ内町11
　　　　　家庭教育普及部　☎075-681-8818（販売）
PHP INTERFACE　http://www.php.co.jp/

印刷所
製本所　図書印刷株式会社

©Shuzo Mazi 2009 Printed in Japan
落丁・乱丁本の場合は弊社制作管理部（☎03-3239-6226）へご連絡下さい。送料弊社負担にてお取り替えいたします。
ISBN 978-4-569-70848-5